JN126217

JIS Z 3410（ISO 14731）/WES 8103

2級

筆記試験問題と解答例

―2024年度版実題集―

（2019年春～2023年春実施分）

産報出版

まえがき

WES 8103による溶接技術者資格認定制度は1972年より認証が開始され，2001年にISO 3834およびISO 14731がJIS化（JIS Z 3400およびJIS Z 3410の制定)されたのに伴い，名称も溶接技術者から「溶接管理技術者」に変わりました。

いまやこのJIS Z 3410（ISO 14731）/WES8103資格は建築鉄骨，橋梁，圧力容器，造船，海洋構造物，重機械，化学プラント，発電設備等エネルギー施設など，あらゆる産業分野における溶接関係者必須のものとなっています。最近では工場認証あるいは官公庁における工事発注の際の要求事項として，WES 8103認証者の保有や常駐が要請されるケースも増えてきており，まさに社会に完全に定着した溶接資格といえるでしょう。

毎年春と秋の年2回，JIS Z 3410（ISO 14731）/WES8103に基づく「溶接管理技術者評価試験」が行われていますが，日本溶接協会の機関誌「溶接技術」では，この評価試験が行われるつど，実際に出題された筆記試験問題と解答例を速報の形で掲載していますが，本書は【2級】試験問題をとりまとめ全一冊にしたものです。

過去に出題された問題を知り，その対策を練ることは合格へのより近道となります。本書は実題集ということで，受験者にとっては評価試験の傾向を知る絶好の手引き書となっています。

この実題集によって一人でも多くの合格者が誕生し，全国各地で溶接管理技術者資格をもつ方々が活躍することを願ってやみません。

2023年12月

産報出版

目次

2級試験問題

※ 2020年度前期　2級試験問題掲載に関しまして

新型コロナウイルス感染症の拡大防止のため，2020年度前期 溶接管理技術者評価試験（筆記試験：2020年6月7日）は中止となりました。

そのため，本書には同試験問題を掲載しておりません。ご了承のほどよろしくお願い申し上げます。

JIS Z 3410（ISO 14731）/WES 8103

2級試験問題

●2023年6月4日出題●

２級試験問題

次の設問【１】～【５】は溶接法について述べている。正しいものを１つ選び，マークシートの解答欄の該当箇所にマークせよ。

【１】非消耗電極式アーク溶接に分類されるのはどれか。
a　被覆アーク溶接
b　サブマージアーク溶接
c　セルフシールドアーク溶接
d　プラズマアーク溶接

【２】消耗電極式アーク溶接に分類されるのはどれか。
a　ティグ溶接
b　マグ溶接
c　電子ビーム溶接
d　摩擦攪拌接合

【３】ガスシールドアーク溶接に分類されるのはどれか。
a　エレクトロガスアーク溶接
b　サブマージアーク溶接
c　アークスタッド溶接
d　被覆アーク溶接

【４】光エネルギーを利用する溶接法はどれか。
a　ティグ溶接
b　マグ溶接
c　電子ビーム溶接
d　レーザ溶接

【５】薄板のアルミニウム合金の溶接に適した溶接法はどれか。
a　セルフシールドアーク溶接
b　サブマージアーク溶接
c　ティグ溶接
d　エレクトロスラグ溶接

次の設問【６】～【10】は溶接の特徴・現象について述べている。正しいものを１つ選び，マークシートの解答欄の該当箇所にマークせよ。

【６】ボルト接合に比べアーク溶接の長所はどれか。
a　継手の健全性を目視判定できる
b　材質変化が生じない
c　水密性・気密性に優れる
d　変形や残留応力が発生しない

【7】化学反応エネルギーを利用した溶接法はどれか。

a　マグ溶接
b　ティグ溶接
c　レーザ溶接
d　テルミット溶接

【8】溶接電流によって生じる電磁力の作用でアーク柱の断面を収縮させようとする現象はどれか。

a　アークの自己制御作用
b　電磁的ピンチ効果
c　アークの硬直性
d　アークの磁気吹き

【9】溶接現象について正しい記述はどれか。

a　鋼のティグ溶接では，電極マイナスに比べ，電極プラスの方が溶込みは深い
b　電極マイナスのティグ溶接では，陰極点による母材のクリーニング作用が得られる
c　アンダカットは大電流の高速溶接で発生しやすい
d　下り坂溶接より，上り坂溶接のほうが溶込みは浅い

【10】力率の定義で正しいものはどれか。

a　全作業時間に対するアーク発生時間の比
b　皮相電力に対する有効電力の比
c　アークへの電気入力に対する母材への熱入力の比
d　入力に対する出力の比

次の設問【11】～【15】は溶接アークの性質について述べている。正しいものを１つ選び，マークシートの解答欄の該当箇所にマークせよ。

【11】平行な２本の導体に，同一方向の電流が通電された場合，電磁力によって導体間に作用する力はどれか。

a　引力
b　反発力
c　回転力
d　浮力

【12】アーク柱を流れる電流によって生じる電磁力の作用で，アーク柱はどのようになるか。

a　長さが短くなる
b　長さが長くなる
c　断面が収縮する
d　断面が膨張する

【13】電磁力によって発生する，電極から母材に向かう高速のガス気流はどれか。

a　シールドガス流
b　プラズマ気流
c　プラズマジェット
d　アークブロー

【14】溶接トーチを傾けても，トーチの延長線方向に発生しようとするアークの性質はどれか。

a　アークの極性
b　アークの点弧性
c　アークの直線性
d　アークの硬直性

【15】ワイヤ端からの溶滴の離脱に大きく関係するのはどれか。

a　熱的ピンチ力
b　電磁ピンチ力
c　自己制御作用
d　クリーニング作用

次の設問【16】～【20】は，ソリッドワイヤを用いるガスシールドアーク溶接の溶滴移行形態について述べている。正しいものを１つ選び，マークシートの解答欄の該当箇所にマークせよ。

【16】シールドガスに混合ガス（80%Ar＋20%CO_2）を用いるマグ溶接の小電流，低電圧域での溶滴移行形態はどれか。

a　スプレー移行
b　グロビュール移行
c　短絡移行
d　爆発移行

【17】シールドガスに混合ガス（80%Ar＋20%CO_2）を用いるマグ溶接の大電流，高電圧域での溶滴移行形態はどれか。

a　スプレー移行
b　グロビュール移行
c　短絡移行
d　爆発移行

【18】シールドガスに100%CO_2を用いるマグ溶接の大電流，高電圧域での溶滴移行形態はどれか。

a　スプレー移行
b　グロビュール移行
c　短絡移行
d　爆発移行

【19】パルスマグ溶接の溶滴移行形態はどれか。

a　スプレー移行
b　グロビュール移行
c　壁面移行
d　爆発移行

【20】溶滴がグロビュール移行からスプレー移行に変わる電流値を何というか。

a　短絡電流
b　平均電流
c　定格電流

d　臨界電流

次の設問【21】～【25】は直流インバータ制御アーク溶接電源の特徴について述べている。正しいものを１つ選び，マークシートの解答欄の該当箇所にマークせよ。

【21】インバータの役割はどれか。
a　溶接変圧器に直流を供給する
b　溶接変圧器に商用周波数の2分の1の周波数の交流を供給する
c　溶接変圧器に商用周波数の2倍の周波数の交流を供給する
d　溶接変圧器に商用周波数よりはるかに高い周波数の交流を供給する

【22】インバータ制御周波数の範囲はどれか。
a　数Hz以下
b　数十Hz～数百Hz
c　数千Hz～十万Hz
d　百万Hz以上

【23】インバータ制御周波数は溶接変圧器の大きさとどのように関係するか
a　ほぼ比例する
b　ほぼ反比例する
c　関係しない
d　出力によって大きくなったり小さくなったりする

【24】サイリスタ制御電源に比較すると，出力の応答性はどうなるか。
a　遅くなる
b　変わらない
c　速くなる
d　出力電圧によって遅くなったり速くなったりする

【25】サイリスタ制御電源に比べて，電源の大きさはどうか。
a　大きい
b　小さい
c　ほぼ同じ大きさである
d　使用するシールドガスによって大きかったり小さかったりする

次の設問【26】～【30】は，マグ溶接機器の使用について述べている。正しいものを１つ選び，マークシートの解答欄の該当箇所にマークせよ。

【26】遠隔操作箱（リモコン）の設定を一定として，溶接ケーブルを30m延長した場合，アークはどうなるか。
a　アーク電圧が低下し，アークは不安定になる
b　アーク電圧が上昇し，アークは不安定になる
c　アーク電圧が低下し，アークの状態は変わらない
d　アーク電圧が上昇し，アークの状態は変わらない

【27】ワイヤの送給性能に大きく影響するのはどれか。
a　溶接ケーブル
b　コンジット（ケーブル）
c　ノズル

d　ガスホース

【28】ワイヤ送給装置のローラ溝が磨耗した場合に生じる現象はどれか。

a　ワイヤの座屈
b　ワイヤの断線
c　ワイヤのスリップ
d　ワイヤの変形

【29】許容使用率の正しい式はどれか。

a　（定格入力電流／使用溶接電流）×定格使用率
b　（定格入力電流／使用溶接電流）^{2}×定格使用率
c　（定格出力電流／使用溶接電流）×定格使用率
d　（定格出力電流／使用溶接電流）^{2}×定格使用率

【30】定格出力電流350A，定格使用率60％の溶接機を用いて10分間の連続溶接を行う場合，使用できる最大溶接電流はどれか。（$\sqrt{0.6}=0.8$として計算せよ）

a　160A
b　220A
c　280A
d　320A

次の設問【31】～【35】はマグ溶接について述べている。正しいものを１つ選び，マークシートの解答欄の該当箇所にマークせよ。

【31】直流溶接で溶接トーチのケーブルを接続する電源端子はどれか。

a　電源に設けたアース端子
b　プラス側出力端子
c　マイナス側出力端子
d　プラス側かマイナス側かのどちらの出力端子でもよい

【32】電流調整つまみを操作して変化させるのは何か。

a　ワイヤ送給速度
b　入力電流
c　入力電圧
d　出力電圧

【33】溶接ワイヤの送給が高速になる理由はどれか。

a　電気伝導度が大きい
b　熱伝導度が大きい
c　電流密度が大きい
d　電位傾度が大きい

【34】ワイヤ突出し部で発生する抵抗発熱について正しいのはどれか。

a　抵抗発熱は溶接電流に比例する
b　抵抗発熱はワイヤ径のみに影響される
c　抵抗発熱はワイヤ突出し長さのみに影響される
d　抵抗発熱はワイヤ径とワイヤ突出し長さの両方に影響される

【35】アンダカットやハンピングが発生しやすい溶接条件はどれか。

a　溶接電流が小さく，溶接速度が小さい場合
b　溶接電流が小さく，溶接速度が大きい場合
c　溶接電流が大きく，溶接速度が小さい場合
d　溶接電流が大きく，溶接速度が大きい場合

次の設問【36】～【40】は各種切断法について述べている。正しいものを１つ選び，マークシートの解答欄の該当箇所にマークせよ。

【36】ガス切断で切断できる材料はどれか。

a　ステンレス鋼
b　低炭素鋼
c　銅合金
d　アルミニウム合金

【37】パウダ切断で切断できる材料はどれか。

a　ステンレス鋼
b　ガラス
c　クリート
d　セラミックス

【38】エアプラズマ切断で切断できる材料はどれか。

a　木材
b　プラスチック
c　アルミニウム合金
d　セラミックス

【39】鉄筋コンクリートを切断できる切断法はどれか。

a　ガス切断
b　プラズマ切断
c　パウダ切断
d　アブレシブウォータジェット切断

【40】薄鋼板を最も高精度に切断できる切断法はどれか。

a　ガス切断
b　プラズマ切断
c　パウダ切断
d　レーザ切断

次の設問【41】～【45】は鉄鋼材料について述べている。正しいものを１つ選び，マークシートの解答欄の該当箇所にマークせよ。

【41】低炭素鋼の最大炭素含有量はどれか。

a　0.2%
b　0.3%
c　0.4%
d　0.5%

【42】純鉄を室温から加熱した場合の組織変化はどれか。
　a　オーステナイト→フェライト→デルタフェライト
　b　フェライト→デルタフェライト→オーステナイト
　c　フェライト→オーステナイト→デルタフェライト
　d　オーステナイト→マルテンサイト→デルタフェライト

【43】炭素鋼におけるパーライト組織はどれか。
　a　マルテンサイトとフェライトの混合組織
　b　フェライトとセメンタイトの混合組織
　c　オーステナイトとセメンタイトの混合組織
　d　オーステナイトとフェライトの混合組織

【44】炭素含有量0.2%の鋼を1000℃から徐冷した時にA_3点で生成する組織はどれか。
　a　オーステナイト
　b　マルテンサイト
　c　パーライト
　d　フェライト

【45】炭素含有量0.2％の鋼を1000℃から急冷した時に室温で観察される組織はどれか。
　a　フェライト
　b　パーライト
　c　オーステナイト
　d　マルテンサイト

次の設問【46】～【50】は熱処理について述べている。正しいものを１つ選び，マークシートの解答欄の該当箇所にマークせよ。

【46】オーステナイト温度域まで加熱した後，水中で急冷する熱処理の目的はどれか。
　a　鋼の硬さや強度を増すため
　b　鋼の硬さを低下させ，延性を向上させるため
　c　鋼の組織を微細化するため
　d　焼入鋼のじん性を向上させるため

【47】焼戻しとは，どのような熱処理か。
　a　硬さや強度を増すため，オーステナイト温度域から急冷する処理
　b　軟化などを目的に，オーステナイト温度域から炉中で徐冷する処理
　c　組織を微細化するために，オーステナイト温度域から空冷する処理
　d　600℃程度の温度に再加熱した後，空冷する処理

【48】焼ならしとは，どのような熱処理か。
　a　硬さや強度を増すため，オーステナイト温度域から急冷する処理
　b　軟化などを目的に，オーステナイト温度域から炉中で徐冷する処理
　c　組織を微細化するために，オーステナイト温度域から空冷する処理
　d　600℃程度の温度に再加熱した後，空冷する処理

【49】調質高張力鋼の製造で行われる熱処理はどれか。
　a　焼ならし
　b　焼入れ＋焼戻し
　c　焼なまし

d　焼ならし＋焼戻し

【50】温度や圧下量を適正に制御した圧延を行い，引き続き加速冷却して機械的性質を改善する処理はどれか。

a　固溶化熱処理
b　安定化熱処理
c　熱加工制御（加工熱処理）
d　サブゼロ処理（深冷処理）

次の設問【51】～【55】はJIS鋼材規格について述べている。正しいものを１つ選び，マークシートの解答欄の該当箇所にマークせよ。

【51】JIS鋼材規格の材料記号SM490で，SMが表すものはどれか。

a　一般構造用圧延鋼材
b　溶接構造用圧延鋼材
c　建築構造用圧延鋼材
d　機械構造用炭素鋼

【52】SS400の化学成分で規定されているものはどれか。

a　炭素当量（C_{eq}）
b　C量
c　SiおよびMn量
d　SおよびP量

【53】降伏比の上限が規定されている鋼材はどれか。

a　SM400A
b　SM400B
c　SN400A
d　SN400B

【54】SS材およびSM材には規定がなく，SN材のBおよびC種に規定されているのはどれか。

a　引張強さ
b　シャルピー吸収エネルギー
c　降伏点または耐力
d　炭素当量（C_{eq}）

【55】SN490Bでは，降伏比をどのように規定しているか。

a　60％以下
b　60％以上
c　80％以下
d　80％以上

次の設問【56】～【60】は各種鋼材について述べている。正しいものを１つ選び，マークシートの解答欄の該当箇所にマークせよ。

【56】TMCP鋼が同じ強度レベルの非調質高張力鋼と比較して優れている特性はどれか。

a　耐高温割れ性
b　耐低温割れ性

c　クリープ特性
d　耐応力腐食割れ性

【57】TMCP鋼の溶接施工での利点はどれか。

a　溶接棒の乾燥が不要
b　高速溶接が可能
c　予熱温度の低減が可能
d　溶接変形が少ない

【58】低温用鋼で特に重視される特性はどれか。

a　引張強さ
b　絞り
c　じん性
d　耐食性

【59】高温用鋼で特に重視される特性はどれか。

a　制振性
b　座屈強さ
c　クリープ強さ
d　破断伸び

【60】耐候性鋼はどれか。

a　海水中で耐食性の高い鋼
b　大気中で耐食性の高い鋼
c　土中で耐食性の高い鋼
d　油中で耐食性の高い鋼

次の設問【61】～【65】はアーク溶接における溶接入熱と冷却速度，溶込みについて述べている。正しいものを１つ選び，マークシートの解答欄の該当箇所にマークせよ。

【61】ビードオンプレート溶接で溶込み率（希釈率）が30%となるのはどれか。

a　溶込み断面積20mm^2，余盛断面積60mm^2
b　溶込み断面積60mm^2，余盛断面積20mm^2
c　溶込み断面積30mm^2，余盛断面積70mm^2
d　溶込み断面積30mm^2，余盛断面積100mm^2

【62】アーク電圧25V，溶接速度30cm/minのとき，溶接入熱が10000J/cmとなる溶接電流はいくらか。

a　100A
b　150A
c　200A
d　300A

【63】炭素鋼溶接部の冷却状態を定量的に表す指標として，何℃での冷却速度が用いられるか。

a　1000 ℃
b　800 ℃
c　540 ℃

d　300 ℃

【64】溶接入熱が大きくなると，溶込み率（希釈率）はどうなるか。

a　大きくなる
b　小さくなる
c　変わらない
d　大きくなる場合と小さくなる場合がある

【65】溶接入熱が大きくなると，冷却速度はどうなるか。

a　大きくなる
b　小さくなる
c　変わらない
d　大きくなる場合と小さくなる場合がある

次の設問【66】～【70】は炭素鋼の溶接熱影響部について述べている。正しいものを１つ選び，マークシートの解答欄の該当箇所にマークせよ。

【66】1250℃以上に加熱され，ぜい化や硬化しやすく，割れなどを生じやすい領域はどれか。

a　粗粒域
b　細粒域
c　部分変態域（二相加熱域）
d　母材原質域

【67】A_3温度直上に加熱されて変態が生じ，じん性などの機械的性質が良好な領域はどれか。

a　粗粒域
b　細粒域
c　部分変態域（二相加熱域）
d　母材原質域

【68】A_3～A_1温度に加熱され，一部がオーステナイトに変態した領域で，じん性が低下しやすい領域はどれか。

a　粗粒域
b　細粒域
c　部分変態域（二相加熱域）
d　母材原質域

【69】炭素鋼の溶接において，溶接入熱が過大になると，どうなるか。

a　結晶粒が粗大化し，溶接部がぜい化する
b　結晶粒が細粒化し，強度が低下する
c　溶接熱影響部の硬さが高くなり，延性が低下する
d　溶接継手の機械的性質には影響しない

【70】溶接熱影響部の特徴を多層溶接と単層溶接で比較したとき，正しいのはどれか。

a　多層溶接の方が硬さが高い場合が多い
b　多層溶接の方がじん性に優れる場合が多い
c　両者の機械的性質には差がない
d　両者の金属組織には差がない

次の設問【71】～【75】は溶接割れについて述べている。正しいものを１つ選び，マークシートの解答欄の該当箇所にマークせよ。

【71】低温割れの発生時期について正しいのはどれか。

a　溶融金属の凝固過程で生じる
b　800℃～500℃の間で生じる
c　溶接直後から数日以内に生じる
d　溶接後熱処理（PWHT）時に生じる

【72】予熱を行うと低温割れが防止できるのはなぜか。

a　溶接部の硬化を抑制するとともに，水素の拡散・放出を促進できるため
b　溶込みが浅くなり，溶接部の軟化と結晶粒粗大化を促進できるため
c　シールド不良が抑制され，酸素および窒素量が低減できるため
d　不純物元素の偏析が抑制され，炭化物の析出が防止できるため

【73】生成相の局部溶融によって生じる高温割れはどれか。

a　ラメラテア
b　延性低下割れ
c　凝固割れ
d　液化割れ

【74】凝固割れの発生要因はどれか。

a　硬化組織の形成
b　結晶粒の微細化
c　粒界炭化物の析出
d　低融点液膜の形成

【75】再熱割れが生じやすい鋼はどれか。

a　溶接割れ感受性組成（P_{CM}）が小さい鋼材
b　炭素当量が小さい鋼材
c　Cr，Mo，Vなどを含有する鋼材
d　Niを含有する鋼材

次の設問【76】～【80】は溶接材料について述べている。正しいものを１つ選び，マークシートの解答欄の該当箇所にマークせよ。

【76】被覆アーク溶接棒の被覆剤の役割はどれか。

a　溶融金属の大気からの遮蔽
b　溶融金属の急速凝固の促進
c　残留応力の低減
d　溶接変形の抑制

【77】JIS Z 3211で定める被覆アーク溶接棒において，低水素系はどれか。

a　E4303
b　E4313
c　E4316-H15
d　E4319

【78】マグ溶接用ソリッドワイヤが被覆アーク溶接棒に比べて一般に優れているのはどれか。

a　高温割れが生じにくい
b　再熱割れが生じにくい
c　低温割れが生じにくい
d　アンダカットが生じにくい

【79】シールドガスにArとCO_2の混合ガスを用いるマグ溶接用ソリッドワイヤはどれか。

a　YGW11
b　YGW13
c　YGW15
d　YGW18

【80】サブマージアーク溶接用溶融フラックスの特徴はどれか。

a　耐吸湿性が優れている
b　水に濡れても使用できる
c　合金元素の添加が容易である
d　溶接変形を少なくする

次の設問【81】～【85】はステンレス鋼溶接部の耐食性について述べている。正しいものを１つ選び，マークシートの解答欄の該当箇所にマークせよ。

【81】ステンレス鋼が優れた耐食性を示す主なメカニズムはどれか。

a　不純物元素（PおよびS）による低融点液膜の形成
b　クロム炭化物の粒界析出
c　不動態皮膜（クロム酸化物）の形成
d　シグマ相の析出

【82】オーステナイト系ステンレス鋼の溶接熱影響部に生じる鋭敏化の主原因はどれか。

a　不純物元素（PおよびS）による低融点液膜の形成
b　クロム炭化物の粒界析出
c　不動態皮膜（クロム酸化物）の形成
d　シグマ相の析出

【83】オーステナイト系ステンレス鋼が鋭敏化を起こす温度域はどれか。

a　200℃～350℃
b　350℃～500℃
c　650℃～850℃
d　850℃～1100℃

【84】オーステナイト系ステンレス鋼溶接継手が塩化物環境にさらされたとき，発生しやすいのはどれか。

a　低温割れ
b　高温割れ
c　応力腐食割れ
d　全面腐食

【85】ウェルドディケイの防止策はどれか。

a　低炭素ステンレス鋼の使用

b　予熱の実施
c　デルタフェライトを晶出する溶接材料の使用
d　600℃～650℃での溶接後熱処理の実施

次の設問【86】～【90】は材料力学の基礎について述べている。正しいものを1つ選び，マークシートの解答欄の該当箇所にマークせよ。

【86】応力の単位はどれか。

a　N（ニュートン）
b　N/m
c　N/mm^2
d　単位はなし

【87】ひずみの単位はどれか。

a　mm
b　in（インチ）
c　%
d　単位はなし

【88】荷重を除去したときに変形が元に戻る性質はどれか。

a　弾性
b　塑性
c　延性
d　剛性

【89】荷重を除去した後も，変形が元に戻らない性質はどれか。

a　弾性
b　塑性
c　延性
d　剛性

【90】応力σとひずみεの間に成立する$\sigma = E \cdot \varepsilon$の式で比例定数Eは何か。

a　剛性率
b　体積弾性率
c　縦弾性係数
d　横弾性係数

次の設問【91】～【95】は金属材料の強度試験について述べている。正しいものを1つ選び，マークシートの解答欄の該当箇所にマークせよ。

【91】降伏応力を測定する試験法はどれか。

a　疲労試験
b　引張試験
c　クリープ試験
d　シャルピー衝撃試験

【92】繰返し荷重下での材料強度を調べる試験法はどれか。

a　疲労試験
b　引張試験

c　クリープ試験
d　シャルピー衝撃試験

【93】破面遷移温度を調べる試験法はどれか。

a　疲労試験
b　引張試験
c　クリープ試験
d　シャルピー衝撃試験

【94】一定荷重下での高温における材料特性を調べる試験法はどれか。

a　疲労試験
b　引張試験
c　クリープ試験
d　シャルピー衝撃試験

【95】疲労試験で得られるのはどれか。

a　エネルギー遷移曲線
b　CCT図
c　応力－ひずみ線図
d　S-N線図

次の設問【96】～【100】は広幅の軟鋼板突合せ溶接継手の残留応力について述べている。正しいものを１つ選び，マークシートの解答欄の該当箇所にマークせよ。

【96】最大の引張残留応力が生じる位置と方向はどれか。

a　溶接線中央部で溶接線方向
b　溶接線中央部で溶接線直角方向
c　溶接始終端で溶接線方向
d　溶接始終端で溶接線直角方向

【97】溶接線方向の引張残留応力の最大値はどの程度か。

a　降伏点の1/2
b　降伏点
c　降伏点の2倍
d　引張強さ

【98】溶接線方向の引張残留応力が生じる範囲と溶接入熱の関係について，正しいのはどれか。

a　溶接入熱が小さい方が範囲が広い
b　溶接入熱が大きい方が範囲が広い
c　溶接入熱がある値の時に範囲が最大となる
d　範囲は溶接入熱にほぼ無関係である

【99】溶接線方向の引張残留応力の最大値と溶接入熱の関係について，正しいのはどれか。

a　溶接入熱が大きいほど残留応力の最大値が大きい
b　溶接入熱が小さいほど残留応力の最大値が大きい
c　溶接入熱にはほぼ無関係である
d　ある特定の溶接入熱で最大となる

【100】溶接変形を拘束すると，残留応力はどうなるか。

a　拘束には無関係である

b　ゼロになる
c　小さくなる
d　大きくなる

次の設問【101】～【105】はJIS Z 3021溶接記号について述べている。正しいものを１つ選び，マークシートの解答欄の該当箇所にマークせよ。

【101】図Aの溶接記号で表される開先形状はどれか（第三角法による）。

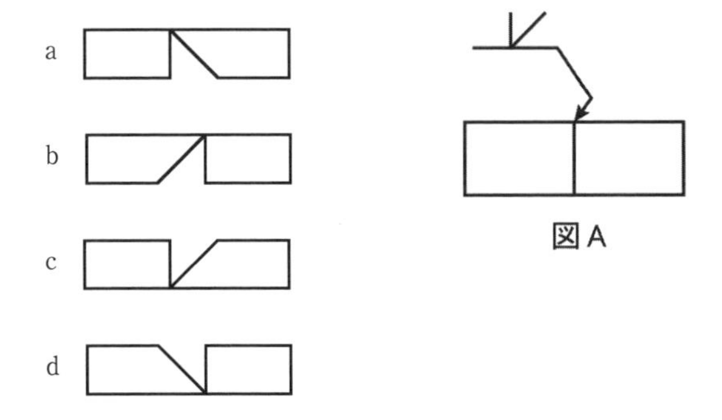

【102】図Bの溶接記号で表される溶接継手の実形はどれか。

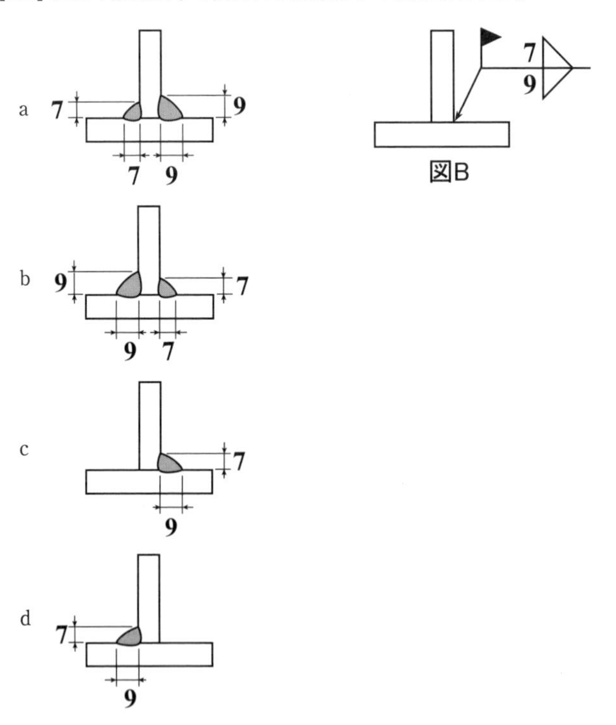

【103】図B中の溶接記号「⚑」は何を表しているか。

a　断続溶接
b　連続溶接
c　全周溶接
d　現場溶接

【104】溶接記号「RT-○」は何を表すか。

a　全線の超音波探傷試験を行う
b　抜取りの超音波探傷試験を行う
c　全線の放射線透過試験を行う
d　抜取りの放射線透過試験を行う

【105】全周溶接はどのように表示するか。

a　矢の先端に○をつける
b　矢と基線の交点に○をつける
c　基線と尾の交点に○をつける
d　尾の部分に○をつける

次の設問【106】～【110】は溶接継手設計について述べている。正しいものを１つ選び，マークシートの解答欄の該当箇所にマークせよ。

【106】溶接設計に関する基本的考え方はどれか。

a　溶接箇所はできるだけ少なくして，開先断面積をなるべく大きくする。
b　開先形状は，板厚に関係なく設定する。
c　継手の位置は，構造上の応力集中部に設ける。
d　溶接線が近接したり，集中したりしないようにする。

【107】溶接継手の静的強度計算では，一般に，応力集中や残留応力を考慮するか。

a　どちらも考慮する
b　応力集中は考慮するが，残留応力は考慮しない
c　残留応力は考慮するが，応力集中は考慮しない
d　どちらも考慮しない

【108】板厚の異なる完全溶込み突合せ溶接継手の，強度計算に用いるのど厚はどれか。

a　薄い方の板厚
b　厚い方の板厚
c　両板厚の平均厚さ
d　両板厚の差

【109】安全率を大きくすると，許容応力はどうなるか。

a　小さくなる
b　変化しない
c　大きくなる
d　突合せ溶接継手では大きくなるが，すみ肉溶接継手では小さくなる

【110】完全溶込み溶接継手が引張荷重を受ける場合の許容応力はどれか。

a　母材の許容応力と同じ
b　母材の許容応力の約0.9倍
c　母材の許容応力の約0.8倍

d　母材の許容応力の約0.6倍

次の設問【111】～【115】は，図の十字すみ肉溶接継手に引張荷重Pが作用する場合の許容最大荷重を算定する手順を記している。正しいものを１つ選び，マークシートの解答欄の該当箇所にマークせよ。ただし，継手の幅は100mm，許容引張応力は150N/mm^2，許容せん断応力は許容引張応力の0.6倍で，$1/\sqrt{2}=0.7$とする。

【111】のど厚は何mmか。

a　5mm
b　7mm
c　10mm
d　15mm

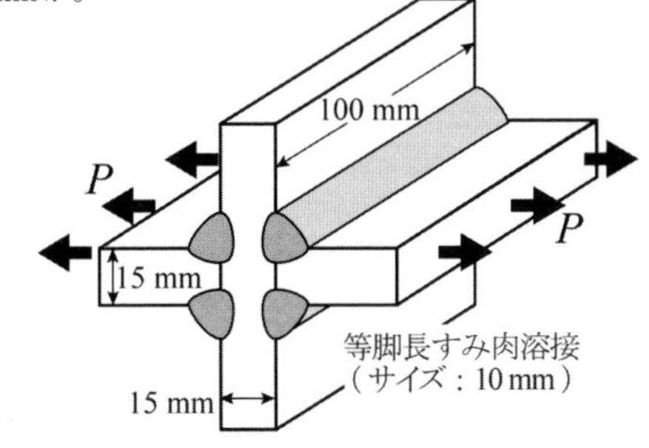

【112】各すみ肉溶接継手の有効溶接長さは100mmである。荷重は上下一対のすみ肉溶接部により伝達される。強度計算に用いる全有効溶接長さは何mmか。

a　100mm
b　150mm
c　200mm
d　400mm

【113】有効のど断面積は何mm^{2}か。

a　1000mm^2
b　1400mm^2
c　2000mm^2
d　4000mm^2

【114】この継手の許容応力は何N/mm^{2}か。

a　90N/mm^2
b　120N/mm^2
c　150N/mm^2
d　180N/mm^2

【115】許容最大荷重はいくらか。

a　90kN
b　126kN
c　150kN
d　300kN

次の設問【116】～【120】は品質および品質管理について述べている。正しいものを１つ選び，マークシートの解答欄の該当箇所にマークせよ。

【116】ISO 14731（JIS Z 3410）は何を定めた規格か。

a　品質マネジメントシステム
b　溶接管理－任務及び責任
c　溶接の品質要求事項（金属材料の融接に関する品質要求事項）
d　金属材料の溶接施工要領及びその承認－一般原則

【117】PDCAサイクル（サークル）を提唱したのは誰か。

a　ディロング
b　シェブロン
c　シェフラ
d　デミング

【118】設計，製造，検査，営業の各部門が集まって，設計の品質を検討する会議はどれか。

a　生産計画会議
b　設計図書出図会議
c　施工要領レビュー会議
d　デザイン（テクニカル）レビュー会議

【119】設計図書に最も関係するのはどれか。

a　トレーサビリティ
b　製造のばらつき
c　設備の承認
d　デザインレビュー(テクニカルレビュー)

【120】工程能力はどれか。

a　量的能力
b　質的能力
c　販売能力
d　購入能力

次の設問【121】～【125】は品質および品質管理について述べている。正しいものを１つ選び，マークシートの解答欄の該当箇所にマークせよ。

【121】製造の品質はどれか。

a　できばえの品質
b　サービスの品質
c　ねらいの品質
d　検査の品質

【122】生産能力は工場能力を何％稼動させた時のものか。

a　50%
b　70%
c　80%
d　100%

【123】品質管理における欧米のアプローチの特徴はどれか。

a　ボトムアップ
b　生産者重視

c　供給者重視
d　契約

【124】品質管理に用いられる図はどれか。
a　CCT図
b　S-N線図
c　ヒストグラム
d　状態図

【125】トレーサビリティの定義を表すものはどれか。
a　テクニカルレビュー(デザインレビュー）をすること
b　WPSを承認すること
c　記録により，さかのぼって追跡できること
d　顧客が品質に対して満足すること

次の設問【126】〜【130】は溶接施工法について述べている。正しいものを１つ選び，マークシートの解答欄の該当箇所にマークせよ。

【126】pWPSはどれか。
a　承認前の溶接施工法承認記録
b　承認前の溶接施工要領書
c　承認された溶接施工法承認記録
d　承認された溶接施工要領書

【127】溶接施工要領書に記載すべきものはどれか。
a　溶接姿勢
b　試験材の試験要領
c　非破壊試験要領
d　溶接技能者名

【128】鋼の突合せ溶接（完全溶込み）の溶接施工法試験で必ず要求される試験はどれか。
a　衝撃試験
b　溶接金属引張試験
c　継手引張試験
d　疲労試験

【129】溶接施工法承認記録で承認されるのはどれか。
a　溶接技能者
b　溶加材の供給メーカ
c　継手と溶接の種類
d　溶接機の形式

【130】溶接確認項目（エッセンシャルバリアブル）とは何か。
a　溶接に必要な技量資格
b　客先承認項目
c　溶接設計に必要な項目
d　溶接継手の品質に影響を与える項目

次の設問【131】～【135】は溶接に使われる用語について述べている。正しいものを１つ選び，マークシートの解答欄の該当箇所にマークせよ。

【131】溶着速度を示すのはどれか。

a　単位時間当りの溶着金属量
b　単位時間当りの溶接材料の溶融量
c　単位時間当りの溶接長
d　継手の単位長さ当りの溶接材料消耗量

【132】アークタイム率を示すのはどれか。

a　溶接作業時間÷労働時間
b　溶接作業時間÷アークが出ている時間
c　アークが出ている時間÷労働時間
d　アークが出ている時間÷溶接作業時間

【133】JIS C 9300-1で定義される定格使用率の基準となる時間はどれか。

a　５分
b　10分
c　20分
d　60分

【134】溶接生産性を示すのはどれか。

a　工場労働者数÷溶接機台数
b　加工鋼材重量÷溶接作業時間
c　総コスト÷総労働時間
d　溶接材料費÷溶接作業時間

【135】生産性を示すのはどれか。

a　加工鋼材重量÷消費溶接材料重量
b　加工鋼材重量÷溶接長
c　設備費÷労働時間
d　産出（アウトプット）÷投入（インプット）

次の設問【136】～【140】は加工について述べている。正しいものを１つ選び，マークシートの解答欄の該当箇所にマークせよ。

【136】開先精度管理に含まれないものはどれか。

a　目違い
b　ルート間隔
c　角変形
d　開先角度

【137】U形開先の加工に用いられる方法はどれか。

a　プラズマ切断
b　機械切削
c　ウォータジェット切断
d　レーザ切断

【138】冷間加工で注意すべきことはどれか。

a　じん性の劣化
b　静的強度の低下
c　結晶粒の粗大化
d　高温割れ感受性の増大

【139】780N/mm^{2}級高張力鋼の場合，冷間加工度の限界目安はどれか。

a　1％
b　5％
c　20％
d　30％

【140】熱間加工の温度を焼戻し温度以下にしなければならない鋼材はどれか。

a　軟鋼
b　低炭素鋼
c　非調質高張力鋼
d　調質高張力鋼

次の設問【141】～【145】は鋼製エンドタブについて述べている。正しいものを1つ選び，マークシートの解答欄の該当箇所にマークせよ。

【141】エンドタブを用いる主目的はどれか。

a　目違い防止
b　角変形防止
c　低温割れ防止
d　溶接欠陥防止

【142】20mm厚鋼板の被覆アーク溶接における適切なエンドタブ長さはどれか。

a　30mm～50mm
b　60mm～80mm
c　100mm～200mm
d　200mm～400mm

【143】20mm厚鋼板のガスシールドアーク溶接における適切なエンドタブ長さはどれか。

a　20mm～30mm
b　40mm～80mm
c　100mm～200mm
d　200mm～400mm

【144】突合せ溶接で用いられるエンドタブの材質はどれか。

a　材質は問わない
b　母材より高強度の材質
c　母材と同材質
d　母材より低強度の材質

【145】母材とエンドタブ間に隙間（未溶着部）が存在することにより懸念されるのはどれか。

a　ぜい性破壊
b　延性破壊
c　座屈

d　クリープ破壊

次の設問【146】～【150】はティグ溶接とサブマージアーク溶接について述べている。正しいものを１つ選び，マークシートの解答欄の該当箇所にマークせよ。

【146】ティグ溶接の特長はどれか。
a　溶接速度が大きい
b　裏波溶接が容易である
c　溶着量が多い
d　非金属が溶接できる

【147】ティグ溶接のシールドガスとしてArを用いる利点はどれか。
a　深溶込みが得られる
b　溶接速度を大きくできる
c　溶接金属の品質がよくなる
d　アークの冷却効果がもっとも大きい

【148】ティグ溶接でプリフローガスを流す理由はどれか。
a　ガス流量の低減
b　トーチ内残留ガスの除去
c　クレータのシールド確保
d　ノズルの保護

【149】太径ワイヤを用いるサブマージアーク溶接の特長はどれか。
a　全姿勢溶接が可能
b　低温割れを生じにくい
c　大電流が使用できる
d　ロボット溶接に適している

【150】サブマージアーク溶接に用いるフラックスはどれか。
a　メタル系フラックスおよび溶融フラックス
b　ボンドフラックスおよび溶融フラックス
c　メタル系フラックスおよびボンドフラックス
d　メタル系フラックスおよびスラグ系フラックス

次の設問【151】～【155】は溶着法および溶接順序について述べている。正しいものを１つ選び，マークシートの解答欄の該当箇所にマークせよ。

【151】溶着方向が継手の溶接方向と逆になる溶着法はどれか。
a　前進法
b　飛石法
c　対称法
d　後退法

【152】一定区間に区切って断続的に溶接する溶着法はどれか。
a　前進法
b　飛石法
c　対称法
d　後退法

【153】多層溶接で用いる溶着法はどれか。
　a　ブロック法
　b　後退法
　c　飛石法
　d　対称法

【154】溶接変形低減に効果のある溶着法はどれか。
　a　後退法
　b　ブロック法
　c　飛石法
　d　カスケード法

【155】溶接変形低減に適した溶接順序はどれか。
　a　周辺の継手から中央の継手へ
　b　中央の継手から周辺の継手へ
　c　薄板の継手から厚板の継手へ
　d　溶接作業しやすい継手の順

次の設問【156】～【160】は溶接変形の低減について述べている。正しいものを1つ選び，マークシートの解答欄の該当箇所にマークせよ。

【156】溶接による収縮量をあらかじめ見込んで，溶接部材寸法を大きくする処置はどれか。
　a　ならい
　b　溶接残し
　c　伸ばし
　d　角まわし

【157】溶接後の角変形を小さくする方法はどれか。
　a　カスケード法
　b　バタリング法
　c　飛石法
　d　逆ひずみ法

【158】突合せ継手で横収縮を低減させる方法はどれか。
　a　開先断面積を小さくする
　b　開先角度を大きくする
　c　目違い修正ピースを用いる
　d　スカラップを用いる

【159】ストロングバックで低減できる溶接変形はどれか。
　a　座屈変形
　b　縦収縮
　c　角変形
　d　縦曲り変形

【160】溶接構造物の変形低減のため，優先して溶接すべき継手はどれか。
　a　収縮量の少ない突合せ継手
　b　溶着量の少ない突合せ継手
　c　溶着量の多い突合せ継手

d　すみ肉継手

次の設問【161】～【165】は溶接割れについて述べている。正しいものを１つ選び，マークシートの解答欄の該当箇所にマークせよ。

【161】低温割れ発生の3つの主要因子はどれか。

a　拡散性水素，硬化組織，引張応力
b　拡散性水素，硬化組織，圧縮応力
c　拡散性水素，軟化組織，引張応力
d　拡散性水素，軟化組織，圧縮応力

【162】低温割れが最も発生しにくい溶接法はどれか。

a　スラグ系フラックス入りワイヤを用いたマグ溶接
b　ソリッドワイヤを用いたマグ溶接
c　高セルロース系溶接棒を用いた被覆アーク溶接
d　イルミナイト系溶接棒を用いた被覆アーク溶接

【163】梨形（ビード）割れの防止策として最も有効なのはどれか。

a　開先角度を小さくする
b　開先角度を大きくする
c　余盛を高くする
d　余盛を低くする

【164】ラメラテアが最も生じやすい継手はどれか。

a　薄板のＴ継手
b　厚板の十字継手
c　薄板の突合せ継手
d　厚板の突合せ継手

【165】再熱割れの防止策はどれか。

a　大入熱で溶接する
b　小入熱で溶接する
c　溶接後熱処理（PWHT）を行う
d　予熱を行う

次の設問【166】～【170】は溶接継手の非破壊試験について述べている。正しいものを１つ選び，マークシートの解答欄の該当箇所にマークせよ。

【166】面状欠陥の検出で，欠陥方向に依存しないのはどれか。

a　超音波探傷試験
b　浸透探傷試験
c　磁粉探傷試験
d　放射線透過試験

【167】ブローホールの検出に適しているのはどれか。

a　目視試験
b　浸透探傷試験
c　磁粉探傷試験
d　放射線透過試験

【168】柱・はり溶接部の溶込不良の検出に適しているのはどれか。

a　超音波探傷試験
b　浸透探傷試験
c　磁粉探傷試験
d　放射線透過試験

【169】高張力鋼溶接部の微細な表面割れの検出に最も適しているのはどれか。

a　水洗性浸透液を用いた浸透探傷試験
b　溶剤除去性浸透液を用いた浸透探傷試験
c　プロッド法を用いた磁粉探傷試験
d　極間法を用いた磁粉探傷試験

【170】角変形の測定に用いるゲージはどれか。

a　ひずみゲージ
b　すきまゲージ
c　テーパゲージ
d　デプスゲージ

次の設問【171】～【175】は溶接部表面の非破壊試験について述べている。正しいものを１つ選び，マークシートの解答欄の該当箇所にマークせよ。

【171】磁粉探傷試験において試験体に直接電流を流す磁化方法はどれか。

a　電流貫通法
b　極間法
c　プロッド法
d　コイル法

【172】磁粉探傷試験に関する記述で正しいのはどれか。

a　チタン合金の検査に適用できる
b　高張力鋼の検査ではプロッド法が適用される
c　磁束の方向に直角なきずが検出できる
d　微細な欠陥の検出には非蛍光乾式磁粉が用いられる

【173】浸透探傷試験に関する記述で正しいのはどれか。

a　試験材料の温度の影響を受ける
b　表面粗さの影響を受けない
c　表面直下のきずの検出に適用できる
d　非鉄金属には適用できない

【174】速乾式現像法による溶剤除去性浸透探傷試験の手順はどれか。

a　前処理→浸透処理→除去処理→現像処理→観察
b　前処理→浸透処理→現像処理→除去処理→観察
c　前処理→除去処理→浸透処理→現像処理→観察
d　前処理→現像処理→浸透処理→除去処理→観察

【175】磁粉探傷試験および浸透探傷試験のいずれの方法も適用できる材料はどれか。

a　アルミニウム合金
b　チタン合金
c　クロムモリブデン鋼

d　オーステナイト系ステンレス鋼

次の設問【176】～【180】は溶接内部の非破壊試験について述べている。正しいものを１つ選び，マークシートの解答欄の該当箇所にマークせよ。

【176】放射線透過試験でスラグ巻込みはフィルム上でどのように写るか。
a　周辺に比べて白く写る
b　周辺に比べて黒く写る
c　周辺と差がない
d　スラグの厚さによって白または黒く写る

【177】放射線透過試験における透過度計の使用目的はどれか。
a　放射線エネルギーの強弱の確認
b　検出できるきずの位置の確認
c　透過写真の像質が規定を満足しているかの確認
d　透過写真の濃度の確認

【178】超音波探傷試験の適用が困難な溶接部はどれか。
a　低炭素鋼溶接部
b　アルミニウム合金溶接部
c　オーステナイト系ステンレス鋼溶接部
d　高張力鋼溶接部

【179】超音波探傷試験で欠陥の深さ位置を求めるために必要なものはどれか。
a　エコー高さ
b　ビーム路程
c　ビーム幅
d　指示長さ

【180】放射線透過試験と比べて超音波探傷試験が優れている点はどれか。
a　欠陥の種類判別が容易である
b　ブローホールを検出しやすい
c　表面粗さの影響を受けにくい
d　ラメラテアを検出しやすい

次の設問【181】～【185】は感電防止のための安全衛生について述べている。正しいものを１つ選び，マークシートの解答欄の該当箇所にマークせよ。

【181】JIS C 9311「アーク溶接機用電撃防止装置」で規定されている安全電圧は何V以下か。
a　15V
b　25V
c　35V
d　45V

【182】感電防止に有効な方法はどれか。
a　マグ溶接を被覆アーク溶接に替える
b　被覆アーク溶接をマグ溶接に替える
c　定格出力の大きな溶接電源を用いる

d　溶接ケーブルを太いものに交換する

【183】電撃防止装置の始動時間中に溶接棒ホルダと母材間に生じる電圧はどれか。

a　安全電圧
b　短絡電圧
c　アーク電圧
d　溶接機無負荷電圧

【184】電撃に関する記述で正しいのはどれか。

a　電圧の実効値が同じ場合，交流の方が直流より危険である
b　電圧の実効値が同じ場合，直流の方が交流より危険である
c　電圧の実効値が同じ場合，危険度は交流も，直流も同じである
d　電圧の実効値に関係なく，交流，直流とも危険はない

【185】電撃防止装置を使用していない交流被覆アーク溶接の感電について，正しい記述はどれか。

a　アークが発生していない時は，発生している時よりも感電の危険性は高い
b　アークが発生していない時は，発生している時よりも感電の危険性は低い
c　アークが発生していない時も，発生している時も感電の危険性はどちらも高い
d　アークが発生していない時も，発生している時も感電の危険性はどちらも低い

次の設問【186】～【190】は粉じんおよびガスに対する安全衛生について述べている。正しいものを１つ選び，マークシートの解答欄の該当箇所にマークせよ。

【186】じん肺法では，じん肺の所見がない者（管理区分１）は，定期的なじん肺健康診断が義務付けられている。その頻度は，何年以内ごとに１回か。

a　１年
b　２年
c　３年
d　５年

【187】酸素濃度が18％未満の場合に使用させる呼吸用保護具はどれか。

a　半面形防じんマスク
b　全面形防じんマスク
c　送気マスク
d　電動ファン付き呼吸用保護具

【188】溶接ヒュームへの対策で最も効果があるのはどれか。

a　防じんマスクの使用
b　半自動溶接の採用
c　溶接作業場所の全体換気
d　電動ファン付き呼吸用保護具の使用

【189】日本産業衛生学会の許容濃度に関する勧告値によれば，一酸化炭素（CO）の許容濃度はどれか。

a　0.5ppm
b　５ppm
c　50ppm
d　500ppm

【190】粉じん障害防止規則に定められている粉じん作業はどれか。
a　電子ビーム溶接
b　レーザ溶接
c　ガス切断
d　ウォータジェット切断

次の設問【191】～【195】は切断に関する安全・衛生について述べている。正しいものを一つ選び，マークシートの解答欄の該当箇所にマークせよ。

【191】銅と反応して爆発性化合物を作る燃料ガスはどれか。
a　アセチレン
b　プロパン
c　天然ガス
d　水素

【192】JIS で規定されている酸素用ガス容器とゴムホースの色の組合せはどれか。
a　容器は黒色，ホースは赤色
b　容器は黒色，ホースは青色
c　容器はかっ色，ホースは赤色
d　容器はかっ色，ホースは青色

【193】プロパンと空気の混合物で，爆発下限界となるプロパン濃度（容量％）はどれか。
a　約１％
b　約２％
c　約10％
d　約20％

【194】燃料ガス集合装置の配管系に装着する安全器の役割はどれか。
a　ガス流量の安定化
b　逆火の防止
c　ガス漏れの防止
d　ガス漏れの検知

【195】空気と混合したときに爆発限界濃度範囲（容量％）が最も広い燃料ガスはどれか。
a　メタン
b　天然ガス
c　アセチレン
d　プロパン

次の設問【196】～【200】は光に関する安全・衛生について述べている。正しいものを１つ選び，マークシートの解答欄の該当箇所にマークせよ。

【196】レーザ光に対する安全対策で正しくないのはどれか。
a　アーク溶接用保護面の使用
b　レーザ溶接用遮蔽めがねの使用
c　遮光板の設置
d　管理区域の設置

【197】波長10.6 μmのCO_2レーザ光が目に入ると，最も起こりやすい障害はどれか。

a　結膜炎
b　緑内障
c　角膜損傷
d　網膜損傷

【198】フィルタプレートで遮光度番号10が推奨されている場合，２枚のフィルタプレートの適切な組合せはどれか。

a　4＋5
b　5＋5
c　5＋6
d　6＋6

【199】眼に照射されると急性電気性眼炎を起こすのはどれか。

a　X線
b　紫外線
c　可視光線
d　赤外線

【200】アーク光により現れる症状はどれか。

a　急性症状として白内障，慢性症状として電気性眼炎
b　急性症状として皮膚炎，慢性症状として白内障
c　急性症状として金属熱，慢性症状として白内障
d　急性症状として金属熱，慢性症状として皮膚炎

●2023年６月４日出題　２級試験問題●
解答例

【1】d，【2】b，【3】a，【4】d，【5】c，【6】c，【7】d，【8】b，
【9】c，【10】b，【11】a，【12】c，【13】b，【14】d，【15】b，【16】c，
【17】a，【18】b，【19】a，【20】d，【21】d，【22】c，【23】b，【24】c，
【25】b，【26】a，【27】b，【28】c，【29】d，【30】c，【31】b，【32】a，
【33】c，【34】d，【35】d，【36】b，【37】a，【38】c，【39】d，【40】d，
【41】b，【42】c，【43】b，【44】d，【45】d，【46】a，【47】d，【48】c，
【49】b，【50】c，【51】b，【52】d，【53】d，【54】d，【55】c，【56】b，
【57】c，【58】c，【59】c，【60】b，【61】c，【62】c，【63】c，【64】a，
【65】b，【66】a，【67】b，【68】c，【69】a，【70】b，【71】c，【72】a，
【73】d，【74】d，【75】c，【76】a，【77】c，【78】c，【79】c，【80】a，

【81】c，【82】b，【83】c，【84】c，【85】a，【86】c，【87】d，【88】a，
【89】b，【90】c，【91】b，【92】a，【93】d，【94】c，【95】d，【96】a，
【97】b，【98】b，【99】c，【100】d，【101】b，【102】a，【103】d，【104】c，
【105】b，【106】d，【107】d，【108】a，【109】a，【110】a，【111】b，【112】c，
【113】b，【114】a，【115】b，【116】b，【117】d，【118】d，【119】d，【120】b，
【121】a，【122】d，【123】d，【124】c，【125】c，【126】b，【127】a，【128】c，
【129】c，【130】d，【131】a，【132】d，【133】b，【134】b，【135】d，【136】c，
【137】b，【138】a，【139】b，【140】d，【141】d，【142】a，【143】b，【144】c，
【145】a，【146】b，【147】c，【148】b，【149】c，【150】b，【151】d，【152】b，
【153】a，【154】c，【155】b，【156】c，【157】d，【158】a，【159】c，【160】c，
【161】a，【162】b，【163】b，【164】b，【165】b，【166】b，【167】d，【168】a，
【169】d，【170】c，【171】c，【172】c，【173】a，【174】a，【175】c，【176】b，
【177】c，【178】c，【179】b，【180】d，【181】b，【182】b，【183】b，【184】a，
【185】a，【186】c，【187】c，【188】d，【189】c，【190】c，【191】a，【192】b，
【193】b，【194】b，【195】c，【196】a，【197】c，【198】c，【199】b，【200】b

●2022年11月６日出題●

２級試験問題

次の設問【１】～【５】はアーク溶接法について述べている。正しいものを１つ選び，マークシートの解答欄の該当箇所にマークせよ。

【１】非消耗電極によるアルミニウム合金の溶接に用いられるアーク溶接法はどれか。
　a　サブマージアーク溶接
　b　エレクトロガスアーク溶接
　c　ティグ溶接
　d　ミグ溶接

【２】ソリッドワイヤを用いシールドガスに炭酸ガスを用いるアーク溶接法はどれか。
　a　プラズマアーク溶接
　b　セルフシールドアーク溶接
　c　マグ溶接
　d　ミグ溶接

【３】フラックス入りワイヤを用いシールドガスを流さずに溶接できるアーク溶接法はどれか。
　a　エレクトロガスアーク溶接
　b　セルフシールドアーク溶接
　c　マグ溶接
　d　ミグ溶接

【４】板厚30mmの鋼板を１パスで溶接する立向自動溶接に用いられるアーク溶接法はどれか。
　a　エレクトロスラグ溶接
　b　エレクトロガスアーク溶接
　c　サブマージアーク溶接
　d　セルフシールドアーク溶接

【５】ステンレス鋼のキーホール溶接に用いられるアーク溶接法はどれか。
　a　プラズマアーク溶接
　b　アークスタッド溶接
　c　セルフシールドアーク溶接
　d　エレクトロガスアーク溶接

次の設問【６】～【10】は溶接アーク現象について述べている。正しいものを１つ選び，マークシートの解答欄の該当箇所にマークせよ。

【６】アークが冷却されることで断面収縮しようとする作用はどれか。
　a　アークの反力
　b　電磁ピンチ効果
　c　熱的ピンチ効果

d　アーク圧力

【7】アーク柱中心部の軸方向の圧力差によって生じるガスの流れはどれか。

a　アークブロー
b　アーク力
c　プラズマ気流
d　電磁対流

【8】ワイヤ先端部の溶滴断面を減少させるように作用する力はどれか。

a　熱的ピンチ力
b　電磁ピンチ力
c　アークの反力
d　アーク圧力

【9】アークが軸方向（電極延長線方向）に発生しようとする性質はどれか。

a　アークの硬直性
b　アークの直線性
c　アークの点弧性
d　アークの導電性

【10】アークの磁気吹きに最も大きく関係するのはどれか。

a　アーク電圧
b　溶接電流
c　溶接速度
d　溶接入熱

次の設問【11】～【15】はアークの電流－電圧特性について述べている。正しいものを１つ選び，マークシートの解答欄の該当箇所にマークせよ。

【11】アークを維持する電流を主に運ぶのはどれか。

a　陰イオン
b　陽イオン
c　中性粒子
d　電子

【12】アーク電圧を構成するのはどの組合せか。

a　アーク長と陰極降下電圧と陽極降下電圧
b　アーク柱電圧と陰極降下電圧と陽極降下電圧
c　アーク電流とアーク長とアーク柱電圧
d　ケーブル降下電圧と陰極降下電圧と陽極降下電圧

【13】小電流域でのアーク電圧は溶接電流の減少にともなってどのように変化するか。

a　急激に減少する
b　緩やかに減少する
c　急激に増加する
d　緩やかに増加する

【14】大電流域でのアーク電圧は溶接電流の増加にともなってどのように変化するか。

a　急激に減少する

b　緩やかに減少する
c　急激に増加する
d　緩やかに増加する

【15】溶接電流が一定の場合，アーク電圧とアーク長の関係はどれか。

a　ほぼ比例する
b　ほぼ反比例する
c　アーク長が変化してもアーク電圧は一定である
d　無関係に変化する

次の設問【16】～【20】はマグ溶接の溶滴移行について述べている。正しいものを1つ選び，マークシートの解答欄の該当箇所にマークせよ。

【16】シールドガスに100%CO_2を用いたマグ溶接の小電流，低電圧域での溶滴移行形態はどれか。

a　スプレー移行
b　ドロップ移行
c　反発移行
d　短絡移行

【17】シールドガスに100%CO_2を用いたマグ溶接の中電流，中電圧域での溶滴移行形態はどれか。

a　スプレー移行
b　ドロップ移行
c　反発移行
d　短絡移行

【18】シールドガスに100%CO_2を用いたマグ溶接の大電流，高電圧域での溶滴移行形態はどれか。

a　スプレー移行
b　ドロップ移行
c　反発移行
d　短絡移行

【19】溶滴のスプレー移行に大きく関係するのはどれか。

a　短絡電流
b　定格電流
c　定格電圧
d　臨界電流

【20】パルスマグ溶接の溶滴移行形態はどれか。

a　スプレー移行
b　ドロップ移行
c　反発移行
d　短絡移行

次の設問【21】～【25】は細径ワイヤを用いるマグ溶接に多用される電源特性とワイヤ送給ついて述べている。正しいものを1つ選び，マークシートの解答欄の該当箇所にマークせよ。

【21】溶接電源の特性はどれか。

a　直流定電流特性
b　直流定電圧特性
c　交流定電圧特性
d　交流垂下特性

【22】溶接ワイヤの送給制御方式はどれか。

a　定速送給制御
b　断続送給制御
c　アーク電圧フィードバック送給制御
d　溶接電流フィードバック送給制御

【23】溶接ワイヤの送給が高速になる理由はどれか。

a　電流密度が低い
b　電流密度が高い
c　電気伝導度が高い
d　熱伝導度が高い

【24】アーク長の変化に応じて自動的に変化するのはどれか。

a　出力電圧
b　無負荷電圧
c　溶接電流
d　短絡電流

【25】アーク長を一定に保つ作用はどれか。

a　アークのクリーニング作用
b　アークの電磁ピンチ作用
c　電源の自己制御作用
d　電源のフィードバック制御作用

次の設問【26】～【30】はティグ溶接について述べている。正しいものを１つ選び，マークシートの解答欄の該当箇所にマークせよ。

【26】電極に用いる材料はどれか。

a　銅
b　ハフニウム
c　タングステン
d　アルミニウム

【27】ティグアークの最高温度はどの程度か。

a　1000℃
b　2000℃
c　5000℃
d　10000℃以上

【28】ティグアークの起動に用いられるのはどれか。

a　高周波低電圧

b　高周波高電圧
c　低周波低電圧
d　低周波高電圧

【29】ティグ溶接の短所はどれか。

a　溶着速度が遅い
b　溶接金属の清浄度が低い
c　スパッタの発生が多い
d　溶着量と入熱を独立に制御できない

【30】母材に対する入熱制御効果があるのはどれか。

a　高周波パルスティグ溶接
b　中周波パルスティグ溶接
c　低周波パルスティグ溶接
d　超音波パルスティグ溶接

次の設問【31】～【35】はアーク溶接機器について述べている。正しいものを１つ選び，マークシートの解答欄の該当箇所にマークせよ。

【31】可動鉄心形交流アーク溶接電源の内部冷却方式はどれか。

a　外気による自然冷却
b　ファンによる強制冷却
c　圧縮空気による強制冷却
d　冷却水による強制冷却

【32】マグ溶接電源の内部冷却方式はどれか。

a　外気による自然冷却
b　ファンによる強制冷却
c　圧縮空気による強制冷却
d　冷却水による強制冷却

【33】溶接電源の内部清掃時に吹き付けるものはどれか。

a　酸素
b　圧縮空気
c　窒素
d　アルゴン

【34】ワイヤ送給の重要部品であり，極端に折り曲げてはならないものはどれか。

a　溶接ケーブル
b　コンジット（コンジットケーブル）
c　ノズル
d　ガスホース

【35】ワイヤに給電する役割をもち，消耗するとアーク不安定を生じる原因となる部品はどれか。

a　コンタクトチップ
b　ノズル
c　オリフィス
d　インシュレータ

次の設問【36】～【40】は切断に用いるエネルギーについて述べている。正しいものを１つ選び，マークシートの解答欄の該当箇所にマークせよ。

【36】低合金鋼のガス切断に用いるエネルギーはどれか。

a　電気的エネルギー
b　化学的エネルギー
c　力学的エネルギー
d　光学的エネルギー

【37】ステンレス鋼のプラズマ切断に用いるエネルギーはどれか。

a　電気的エネルギー
b　化学的エネルギー
c　力学的エネルギー
d　光学的エネルギー

【38】高張力鋼のエアプラズマ切断に用いるエネルギーはどれか。

a　電気的エネルギーのみ
b　化学的エネルギーのみ
c　電気的エネルギーと化学的エネルギー
d　電気的エネルギーと光学的エネルギー

【39】チタン合金のレーザ切断に用いるエネルギーはどれか。

a　電気的エネルギー
b　化学的エネルギー
c　力学的エネルギー
d　光学的エネルギー

【40】セラミックスのウォータジェット切断に用いるエネルギーはどれか。

a　電気的エネルギー
b　化学的エネルギー
c　力学的エネルギー
d　光学的エネルギー

次の設問【41】～【45】は鋼について述べている。正しいものを１つ選び，マークシートの解答欄の該当箇所にマークせよ。

【41】炭素鋼の炭素含有量（質量%）の範囲はどれか。

a　0.02～0.17
b　0.02～0.765
c　0.02～2.14
d　0.02～4.32

【42】純鉄を室温から1300℃まで加熱した場合の組織変化はどれか。

a　オーステナイト → フェライト
b　オーステナイト → マルテンサイト
c　フェライト → オーステナイト
d　フェライト → マルテンサイト

【43】炭素鋼におけるパーライト組織はどれか。

a　マルテンサイトとフェライトの混合組織
b　フェライトとセメンタイトの混合組織
c　オーステナイトとセメンタイトの混合組織
d　オーステナイトとフェライトの混合組織

【44】オーステナイトからフェライトに変態する温度はどれか。

a　A_1点
b　A_2点
c　A_3点
d　A_4点

【45】炭素含有量0.2％の鋼を1000℃から水冷したときに室温で観察される組織はどれか。

a　フェライト
b　パーライト
c　オーステナイト
d　マルテンサイト

次の設問【46】～【50】は鋼の熱処理について述べている。正しいものを１つ選び，マークシートの解答欄の該当箇所にマークせよ。

【46】オーステナイト温度域から炉中で徐冷する熱処理はどれか。

a　焼ならし
b　焼なまし
c　焼入れ
d　焼戻し

【47】低炭素鋼の焼なまし組織はどれか。

a　オーステナイトとフェライト
b　マルテンサイトとオーステナイト
c　パーライトとオーステナイト
d　フェライトとパーライト

【48】粗大化した組織を微細化するために行われる熱処理はどれか。

a　A_3温度より30℃～50℃高い温度に加熱した後，大気中で空冷する
b　A_3温度より30℃～50℃高い温度に加熱した後，急冷する
c　A_3温度より300℃～500℃高い温度に加熱した後，大気中で空冷する
d　A_3温度より300℃～500℃高い温度に加熱した後，急冷する

【49】急冷後，じん性を向上させる目的で，600℃程度の温度に加熱した後，空冷する処理はどれか。

a　焼なまし
b　焼入れ
c　焼ならし
d　焼戻し

【50】調質高張力鋼の製造で行われる熱処理はどれか。

a　焼ならし
b　焼入れ＋焼戻し

c　焼なまし
d　焼ならし＋焼戻し

次の設問【51】～【55】はJIS鋼材規格について述べている。正しいものを１つ選び，マークシートの解答欄の該当箇所にマークせよ。

【51】JIS鋼材記号SS400で，SSが表す鋼種はどれか。
a　一般構造用圧延鋼材
b　溶接構造用圧延鋼材
c　建築構造用圧延鋼材
d　機械構造用炭素鋼

【52】化学成分で，PおよびS量のみが規定されている鋼材はどれか。
a　SS400
b　SM400A
c　SM400B
d　SM400C

【53】SM490でA種，B種，C種の順に規定が厳しくなるのはどれか。
a　引張強さ
b　降伏点または耐力
c　シャルピー吸収エネルギー
d　疲れ強さ

【54】SN材で降伏比が0.8以下と規定されているのはなぜか。
a　塑性変形を十分に得るため
b　低温割れを抑制するため
c　疲労破壊を防ぐため
d　高温強度を高めるため

【55】SN490BのS含有量の上限をSM490Bより低く規定している理由はどれか。
a　高温割れ防止のため
b　ラメラテア防止のため
c　降伏点を高めるため
d　降伏比を高めるため

次の設問【56】～【60】は各種鋼材について述べている。正しいものを１つ選び，マークシートの解答欄の該当箇所にマークせよ。

【56】調質高張力鋼のPWHTで超えてはならない温度はどれか。
a　焼入れ温度
b　焼戻し温度
c　焼ならし温度
d　焼なまし温度

【57】低温用鋼でじん性を向上させる効果が大きい元素はどれか。
a　Cr
b　Ni

c　Si
d　C

【58】高温用鋼で耐酸化性を向上させる効果が大きい元素はどれか。

a　CrとMo
b　SiとMn
c　NbとV
d　PとS

【59】TMCP鋼とは，どのような鋼か。

a　圧延後，焼入れ焼戻しの熱処理によって製造された鋼
b　圧延後，オーステナイト温度域から空冷する熱処理によって製造された鋼
c　制御圧延を行い，加速冷却して製造された鋼
d　オーステナイト温度域から急冷した後，二相温度域に再加熱・長時間保持して製造された鋼

【60】TMCP鋼が同じ強度レベルの非調質高張力鋼と比較して優れている特性はどれか。

a　耐高温割れ性
b　耐低温割れ性
c　耐クリープ性
d　耐応力腐食割れ性

次の設問【61】～【65】は溶接入熱と冷却速度，溶込みについて述べている。正しいものを１つ選び，マークシートの解答欄の該当箇所にマークせよ。

【61】溶接電流200A，アーク電圧25V，溶接速度20cm/分，パス間温度100℃のとき，溶接入熱はいくらか。

a　250J/cm
b　1500J/cm
c　2500J/cm
d　15000J/cm

【62】炭素鋼溶接部の冷却時間を定量的に表す指標に用いられる温度範囲はどれか。

a　1400℃～1100℃
b　1100℃～800℃
c　800℃～500℃
d　500℃～200℃

【63】パス間温度が高くなると，冷却速度はどうなるか。

a　大きくなる
b　小さくなる
c　変わらない
d　大きくなる場合と小さくなる場合がある

【64】溶込み断面積20mm^2，余盛断面積80mm^{2}のとき，溶込み率（希釈率）はいくらか。

a　20%
b　25%
c　50%
d　80%

【65】溶接入熱が小さくなると，溶込み率はどうなるか。

a　大きくなる
b　小さくなる
c　変わらない
d　大きくなる場合と小さくなる場合がある

次の設問【66】～【70】は炭素鋼の溶接熱影響部について述べている。正しいものを１つ選び，マークシートの解答欄の該当箇所にマークせよ。

【66】硬化して，じん性が最も低い領域はどれか。

a　粗粒域
b　細粒域
c　部分変態域（二相加熱域）
d　未変態域

【67】A_3点直上に加熱され，じん性などの機械的性質が良好な領域はどれか。

a　粗粒域
b　細粒域
c　部分変態域（二相加熱域）
d　未変態域

【68】溶接入熱が過小となると，溶接熱影響部はどうなるか。

a　結晶粒が粗大化し，じん性の低下をまねく
b　結晶粒が細粒化し，強度の低下をまねく
c　硬さが高くなり，延性が低下する
d　機械的特性には影響しない

【69】同じ溶接条件の場合，溶接熱影響部の硬さについて正しい記述はどれか。

a　板厚が薄いほど硬くなる
b　板厚が厚いほど硬くなる
c　水素量が少ないほど硬くなる
d　水素量が多いほど硬くなる

【70】溶接熱影響部の組織および硬さを推定する図はどれか。

a　シェフラ組織図
b　CCT 図
c　平衡状態図
d　TTT 図

次の設問【71】～【75】は溶接割れについて述べている。正しいものを１つ選び，マークシートの解答欄の該当箇所にマークせよ。

【71】低温割れの発生要因に該当しないものはどれか。

a　溶接部に侵入した拡散性水素
b　硬化組織の生成
c　低融点液膜の形成
d　継手の拘束度（引張応力）

【72】低温割れに最も影響する合金元素はどれか。

a　C
b　Si
c　Mn
d　Al

【73】溶融境界部において発生し，低融点不純物の局部溶融によって生じる割れはどれか。

a　凝固割れ
b　液化割れ
c　延性低下割れ
d　再熱割れ

【74】炭素鋼において凝固割れの発生原因となる低融点液膜を生じさせる元素はどれか。

a　CrとMo
b　SiとMn
c　PとS
d　NiとAl

【75】再熱割れが生じやすい鋼はどれか。

a　溶接割れ感受性組成（P_{CM}）が小さい鋼
b　炭素当量が小さい鋼
c　Cr，Mo，Vなどを含有する鋼
d　Niを含有する鋼

次の設問【76】～【80】は溶接材料について述べている。正しいものを1つ選び，マークシートの解答欄の該当箇所にマークせよ。

【76】被覆アーク溶接棒のJIS記号，E4316中の数字「43」が表すのは何か。

a　引張強さ
b　耐力
c　シャルピー吸収エネルギー
d　被覆剤の種類

【77】被覆アーク溶接棒のJIS記号，E4316中の数字「16」が表すのは何か。

a　被覆剤の系統
b　溶着金属の最小引張強さの水準
c　シャルピー吸収エネルギーの水準
d　適用できる溶接姿勢

【78】80%アルゴン＋20%炭酸ガス用の溶接ワイヤを用いて，100%炭酸ガスのシールドガス中で溶接した場合，どのようなことが起こるか。

a　溶接金属のSiとMn量が少なくなり，引張強さが高くなる
b　溶接金属のSiとMn量が少なくなり，引張強さが低くなる
c　溶接金属のSiとMn量が多くなり，引張強さが高くなる
d　溶接金属のSiとMn量が多くなり，引張強さが低くなる

【79】サブマージアーク溶接用ボンドフラックスの特徴はどれか。

a　耐吸湿性が優れている

b　使用前の乾燥は不要である
c　合金元素の添加が容易である
d　溶接変形を少なくできる

【80】サブマージアーク溶接用溶融フラックスの特徴はどれか。

a　耐吸湿性が優れている
b　使用前の乾燥は不要である
c　合金元素の添加が容易である
d　溶接変形を少なくできる

次の設問【81】～【85】はステンレス鋼とその溶接部の耐食性について述べている。正しいものを１つ選び，マークシートの解答欄の該当箇所にマークせよ。

【81】低炭素オーステナイト系ステンレス鋼はどれか。

a　SUS430L
b　SUS304L
c　SUS310S
d　SUS329J3L

【82】ステンレス鋼が優れた耐食性を示す主なメカニズムはどれか。

a　不純物元素（PおよびS）による低融点液膜の形成
b　クロム炭化物の粒界析出
c　不動態皮膜（クロム酸化物）の形成
d　シグマ相の析出

【83】オーステナイト系ステンレス鋼の溶接熱影響部に生じる鋭敏化の主原因はどれか。

a　不純物元素による低融点液膜の形成
b　クロム炭化物の粒界析出
c　不動態皮膜（クロム酸化物）の形成
d　シグマ相の析出

【84】鋭敏化したオーステナイト系ステンレス鋼溶接部が塩化物環境にさらされると発生するのはどれか。

a　疲労破壊
b　応力腐食割れ
c　ぜい性破壊
d　クリープ破壊

【85】安定化ステンレス鋼の溶融境界線近傍の溶接熱影響部に生じやすいのはどれか。

a　ウェルドディケイ
b　ナイフラインアタック
c　ラメラテア
d　低温割れ

次の設問【86】～【90】は金属材料の機械的性質について述べている。正しいものを１つ選び，マークシートの解答欄の該当箇所にマークせよ。

【86】静的引張試験で測定される最大荷重点の応力を何というか。

a　降伏点

b　引張強さ
c　破断応力
d　耐力

【87】引張強さに対する降伏応力（または0.2%耐力）の割合を何というか。

a　弾性率
b　ポアソン比
c　降伏比
d　継手効率

【88】S-N線図はどれか。

a　応力とひずみの関係図
b　ひずみと時間の関係図
c　吸収エネルギーと温度の関係図
d　繰返し応力範囲と破断までの繰返し数の関係図

【89】高温の一定荷重試験で測定される機械的性質はどれか。

a　時間強度
b　硬さ
c　クリープ強さ
d　吸収エネルギー

【90】シャルピー衝撃試験で得られるエネルギー遷移温度はどれか。

a　吸収エネルギ－が上部棚エネルギ－の1/2となる温度
b　吸収エネルギ－が下部棚エネルギ－の2倍となる温度
c　吸収エネルギ－が下部棚エネルギ－となる上限温度
d　吸収エネルギ－が上部棚エネルギ－となる下限温度

次の設問【91】～【95】は溶接継手の強さについて述べている。正しいものを1つ選び，マークシートの解答欄の該当箇所にマークせよ。

【91】継手効率が100%の溶接継手の引張強さはどれか。

a　母材の引張強さ
b　溶接金属の引張強さ
c　母材と溶接金属の平均引張強さ
d　母材と溶接金属の合計引張強さ

【92】溶接継手の静的引張強さについて正しい記述はどれか。

a　余盛の影響を受ける
b　残留応力の影響を受ける
c　余盛と残留応力の影響をともに受けない
d　余盛と残留応力の影響をともに受ける

【93】溶接継手のぜい性破壊に最も大きな影響を及ぼす欠陥はどれか。

a　ブローホール
b　割れ
c　スラグ巻込み
d　ピット

【94】溶接継手のぜい性破壊強さの特徴はどれか。

a　残留応力の影響は受けない
b　応力集中の影響は受けない
c　残留応力と応力集中の影響をともに受けない
d　残留応力と応力集中の影響をともに受ける

【95】溶接継手の疲れ強さの特徴はどれか。

a　残留応力の影響は受けない
b　応力集中の影響は受けない
c　残留応力と応力集中の影響をともに受けない
d　残留応力と応力集中の影響をともに受ける

次の設問【96】～【100】は溶接変形について述べている。正しいものを１つ選び，マークシートの解答欄の該当箇所にマークせよ。

【96】溶接線方向の残留応力の発生に最も大きく関係する溶接変形はどれか。

a　縦収縮
b　横収縮
c　座屈変形
d　回転変形

【97】溶接線直角方向に生じる面内溶接変形はどれか。

a　座屈変形
b　縦収縮
c　横収縮
d　角変形

【98】溶接部の表面側と裏面側の横収縮差によって生じる溶接変形はどれか。

a　縦収縮
b　縦曲がり変形
c　回転変形
d　角変形

【99】変形を拘束すると残留応力はどうなるか。

a　小さくなる
b　大きくなる
c　大きくなる場合と小さくなる場合がある
d　拘束に無関係である

【100】溶接による座屈変形について，正しいのはどれか。

a　薄板の方が生じやすい
b　厚板の方が生じやすい
c　薄板，厚板ともに生じにくい
d　薄板，厚板ともに生じやすい

次の設問【101】～【105】はJIS Z 3021溶接記号について述べている。正しいものを１つ選び，マークシートの解答欄の該当箇所にマークせよ。

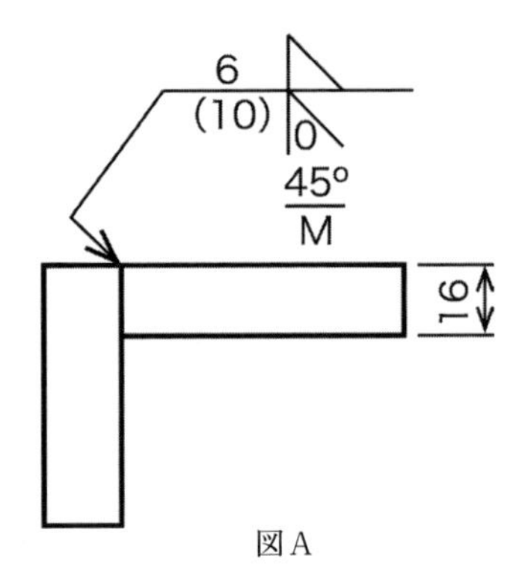

図A

【101】図Aの溶接記号「$\overline{\text{M}}$」は何を表しているか。

a　余盛を切削して平らに仕上げる。
b　余盛をグラインダで平らに仕上げる。
c　余盛をチッピング（はつり）で平らに仕上げる。
d　余盛を研磨して平らに仕上げる。

【102】図Aの溶接記号で表される溶接継手の実形はどれか。

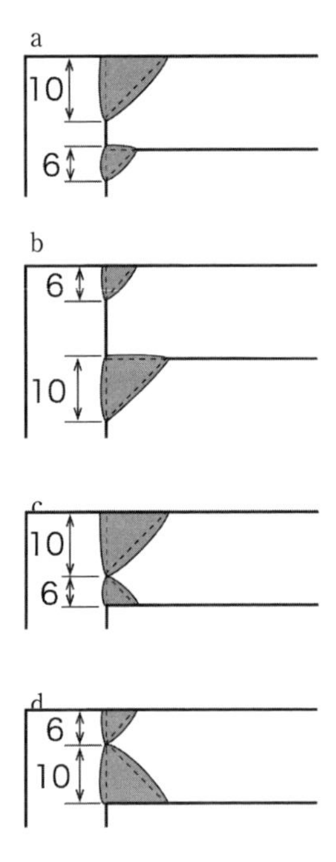

【103】現場溶接を表す溶接記号はどれか。

a

b

c

d

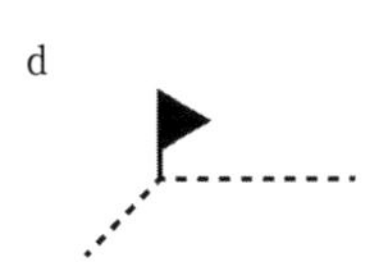

【104】裏波溶接の溶接記号はどれか。

a

b

c

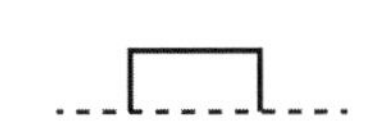

d

【105】非破壊検査方法を表す溶接記号「UT-○」は何を表すか。

a　全線の放射線透過試験を行う
b　抜取りの放射線透過試験を行う
c　全線の超音波探傷試験を行う
d　抜取りの超音波探傷過試験を行う

次の設問【106】～【110】は溶接継手設計について述べている。正しいものを１つ選び，マークシートの解答欄の該当箇所にマークせよ。

【106】溶接設計における留意点はどれか。

a　溶接継手数は必要最小限とする
b　開先断面積はなるべく大きくする
c　溶接線を近接させ，溶接能率を上げる
d　溶接継手位置は，構造不連続部と無関係に設定する

【107】板厚の異なる部材の完全溶込み突合せ継手の強度計算に用いるのど厚はどれか。

a　厚い方の板厚
b　薄い方の板厚
c　両板厚の平均厚さ
d　両板厚の差

【108】不等脚すみ肉溶接継手の短い方のサイズをS1，長い方のサイズをS2としたとき，強度計算に用いるのど厚はどれか。

a　$S1\times(1/\sqrt{2})$
b　$S2\times(1/\sqrt{2})$
c　$(S2-S1)\times(1/\sqrt{2})$
d　$(S1+S2)/2\times(1/\sqrt{2})$

【109】せん断荷重に対する許容応力はどれか。

a　引張荷重に対する許容応力と同じ
b　引張荷重に対する許容応力の約0.9倍
c　引張荷重に対する許容応力の約0.6倍
d　引張荷重に対する許容応力の約0.3倍

【110】繰返し荷重に対する許容応力はどれか。

a　静的荷重に対する許容応力より高い
b　静的荷重に対する許容応力と同じ
c　静的荷重に対する許容応力より低い
d　許容応力は荷重の性質とは無関係

次の設問【111】～【115】は両面あて金すみ肉溶接継手に引張荷重Pが作用する場合の許容最大荷重を算定する手順を記している。正しいものを１つ選び，マークシートの解答欄の該当箇所にマークせよ。ただし，許容引張応力は140N/mm^2，許容せん断応力は80N/mm^{2}で，$1/\sqrt{2}=0.7$とする。

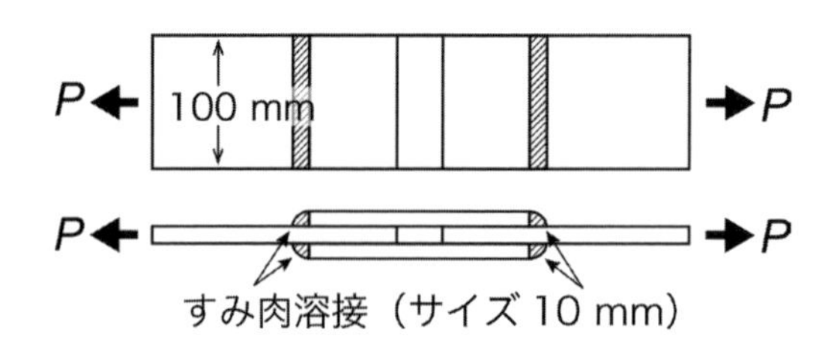

【111】すみ肉溶接部ののど厚は何mmか。

a　5mm
b　7mm
c　10mm
d　14mm

【112】１つのすみ肉溶接の有効溶接長さは100mmで，荷重は表裏一対のすみ肉溶接継手により伝達される。強度計算に用いる全有効溶接長さは何mmか。

a　100mm
b　200mm
c　300mm
d　400mm

【113】強度計算に用いる有効のど断面積は何mm^2か。

a　700mm^2
b　1400mm^2
c　2100mm^2
d　4000mm^2

【114】この継手の許容応力は何N/mm^2か。

a　80N/mm^2
b　110N/mm^2
c　140N/mm^2
d　220N/mm^2

【115】許容最大荷重は何kNか。

a　56kN
b　98kN
c　112kN
d　196kN

次の設問【116】～【120】は品質および品質管理について述べている。正しいものを１つ選び，マークシートの解答欄の該当箇所にマークせよ。

【116】品質管理活動はどれか。

a　目標とする品質を設定する活動
b　製品の性能を向上させる活動
c　顧客の要求を調査する活動
d　要求品質を満たすための活動

【117】テクニカルレビュー(デザインレビュー)，溶接施工，非破壊検査結果などを記録した文書はどれか。

a　品質マニュアル
b　品質記録
c　溶接施工要領書
d　検査要領書

【118】ISO 3834（JIS Z 3400)は何を定めた規格か。

a　品質マネジメントシステム－要求事項

b　溶接管理－任務及び責任
c　溶接の品質要求事項（金属材料の融接に関する品質要求事項）
d　金属材料の溶接施工要領及びその承認－一般原則

【119】ISO 14731（JIS Z 3410）は何を定めた規格か。
a　品質マネジメントシステム－要求事項
b　溶接管理－任務及び責任
c　溶接の品質要求事項（金属材料の融接に関する品質要求事項）
d　金属材料の溶接施工要領及びその承認－一般原則

【120】溶接の妥当性再確認に関するものはどれか。
a　非破壊試験成績書の保管
b　作業指示書の作成
c　製造時溶接試験の実施
d　溶接技能者の資格認証

次の設問【121】～【125】は溶接施工について述べている。正しいものを１つ選び，マークシートの解答欄の該当箇所にマークせよ。

【121】pWPSはどれか。
a　承認前の溶接施工要領書
b　承認された溶接施工要領書
c　承認前の溶接施工法承認記録
d　承認された溶接施工法承認記録

【122】WPQT（WPT）はどれか。
a　溶接施工法試験
b　溶接施工法承認記録
c　溶接施工要領書
d　溶接検査要領書

【123】WPAR（WPQR）はどれか。
a　溶接施工法試験
b　溶接施工法承認記録
c　溶接施工要領書
d　溶接検査要領書

【124】標準化された試験材の溶接および試験による溶接施工要領の承認方法はどれか。
a　製造前溶接試験による承認
b　溶接施工法試験による承認
c　承認された溶接材料の使用による承認
d　過去の溶接実績による承認

【125】融接において，機械化または自動化された溶接装置を操作する要員を何と呼ぶか。
a　溶接インストラクタ
b　溶接技能者
c　溶接オペレータ
d　溶接作業指導者

次の設問【126】～【130】は溶接コストおよび生産性について述べている。正しいものを１つ選び，マークシートの解答欄の該当箇所にマークせよ。

【126】溶接コストの構成で正しいのはどれか。

a　溶接材料費と溶接設備使用費
b　溶接労務費と溶接設備使用費
c　溶接労務費と溶接材料費
d　溶接労務費，溶接材料費および溶接設備使用費

【127】溶接コストの低減に最も役立つのはどれか。

a　開先精度の緩和
b　被覆アーク溶接の適用拡大
c　大ブロック化
d　上向溶接の適用拡大

【128】溶接コストに最も大きく関わるのはどれか。

a　溶接機の定格使用率
b　溶接作業環境
c　溶接施工方法
d　溶接機台数

【129】溶接の生産性を定義する投入（インプット）に該当するのはどれか。

a　溶接機台数
b　生産量
c　溶接長
d　製品個数

【130】溶接の生産性を定義する産出（アウトプット）に該当するのはどれか。

a　溶接機台数
b　溶接材料
c　溶接長
d　溶接技能者数

次の設問【131】～【135】は低水素系被覆アーク溶接棒の管理について述べている。正しいものを１つ選び，マークシートの解答欄の該当箇所にマークせよ。

【131】溶接棒を乾燥させる主目的はどれか。

a　低温割れの防止
b　高温割れの防止
c　溶込不良の防止
d　ヒュームの低減

【132】溶接棒の乾燥温度はどれか。

a　50℃～100℃
b　150℃～200℃
c　300℃～400℃
d　500℃～600℃

【133】溶接棒の乾燥時間はどれか。

a　５分～10分
b　30分～60分
c　100分～150分
d　200分～300分

【134】溶接棒の乾燥後に使用する保管容器の標準的な温度はどれか。

a　50℃～80℃
b　100℃～150℃
c　200℃～250℃
d　300℃～350℃

【135】高張力鋼用溶接棒の大気中での標準的な許容放置時間はどれか。

a　２時間
b　５時間
c　10時間
d　20時間

次の設問【136】～【140】は溶接変形について述べている。正しいものを１つ選び，マークシートの解答欄の該当箇所にマークせよ。

【136】溶接変形低減に効果のある溶着法はどれか。

a　後退法
b　ブロック法
c　飛石法
d　カスケード法

【137】溶接後の角変形を小さくする方法はどれか。

a　カスケード法
b　バタリング法
c　後退法
d　逆ひずみ法

【138】突合せ継手で横収縮を低減させる方法はどれか。

a　開先断面積を小さくする
b　開先角度を大きくする
c　目違い修正ピースを用いる
d　スカラップを用いる

【139】ストロングバックで低減できる溶接変形はどれか。

a　座屈変形
b　縦収縮
c　角変形
d　縦曲り変形

【140】溶接変形の矯正に用いられる方法はどれか。

a　PWHT（溶接後熱処理）
b　線状加熱
c　テンパビード法
d　直後熱

次の設問【141】～【145】は開先について述べている。正しいものを１つ選び，マークシートの解答欄の該当箇所にマークせよ。

【141】開先加工に用いられないものはどれか。

a　ガス切断
b　プラズマ切断
c　プレス成形
d　機械加工

【142】開先精度管理に含まれないものはどれか。

a　目違い
b　ルート面
c　角変形
d　開先角度

【143】突合せ継手でルート間隔が10mmとなった場合に推奨される処理方法はどれか。

a　ウィービング法を用いて溶接
b　開先を肉盛溶接してから溶接
c　裏当て金を用いて溶接
d　新たな材料を挿入して溶接

【144】裏当て金の取付で精度が必要なのはどれか。

a　開先角度
b　開先面粗度
c　隙間
d　逆ひずみ

【145】高張力鋼の溶接で使用される裏当て金の適切な材料はどれか。

a　オーステナイト系ステンレス鋼
b　銅合金
c　母材より高強度の材料
d　母材と同材

次の設問【146】～【150】はSM490鋼突合せ継手（板厚30mm）のタック溶接について述べている。正しいものを１つ選び，マークシートの解答欄の該当箇所にマークせよ。

【146】タック溶接の目的はどれか。

a　残留応力の低減
b　低温割れの防止
c　溶落ちの防止
d　部材の定位置確保

【147】タック溶接に使われる溶接法はどれか。

a　サブマージアーク溶接
b　プラズマアーク溶接
c　マグ溶接
d　スタッド溶接

【148】タック溶接の最小ビード長さはどの程度か。

a　10mm～20mm
b　40mm～50mm
c　100mm～120mm
d　150mm～200mm

【149】低水素系被覆アーク溶接棒を用いたタック溶接時の標準的な予熱温度はどれか。

a　25℃
b　50℃
c　80℃
d　150℃

【150】タック溶接の最小ビード長さが規定されている理由はどれか。

a　溶落ちの防止
b　溶接変形の防止
c　低温割れの防止
d　高温割れの防止

次の設問【151】～【155】はマグ溶接について述べている。正しいものを１つ選び，マークシートの解答欄の該当箇所にマークせよ。

【151】一般に用いられるシールドガス流量はどれか。

a　1L/分～5L/分
b　15L/分～25L/分
c　40L/分～60L/分
d　80L/分～100L/分

【152】最大ウィービング幅の目安はノズル口径の何倍か。

a　0.2倍
b　0.5倍
c　1.5倍
d　5倍

【153】JASS 6鉄骨工事の規定で，防風対策が必要な風速の最小値はどれか。

a　1m/秒
b　2m/秒
c　5m/秒
d　10m/秒

【154】溶接電流・溶接速度を一定にして，アーク電圧を高くするとどうなるか。

a　ビード幅は狭く，余盛が低くなる
b　ビード幅は狭く，余盛が高くなる
c　ビード幅は広く，余盛が低くなる
d　ビード幅は広く，余盛が高くなる

【155】被覆アーク溶接と比較して，マグ溶接のパス数と角変形はどうなるか。

a　パス数が多く，角変形は小さくなる
b　パス数が多く，角変形は大きくなる
c　パス数が少なく，角変形は小さくなる

d　パス数が少なく，角変形は大きくなる

次の設問【156】～【160】はティグ溶接とサブマージアーク溶接について述べている。正しいものを１つ選び，マークシートの解答欄の該当箇所にマークせよ。

【156】ティグ溶接のシールドガスとしてアルゴンを用いる利点はどれか。
a　深溶込みが得られる
b　溶接速度を速くできる
c　溶接金属の品質がよくなる
d　アークの冷却効果が大きい

【157】ティグ溶接でプリフローガスを流す理由はどれか。
a　ガス流量の低減
b　スタート部のシールド確保
c　クレータのシールド確保
d　ノズルの保護

【158】サブマージアーク溶接の特長はどれか。
a　全姿勢溶接が可能
b　低温割れを生じにくい
c　大電流が使用できる
d　ロボット溶接に適している

【159】サブマージアーク溶接の高速化に適したフラックスはどれか。
a　ガラス繊維フラックス
b　固形フラックス
c　溶融フラックス
d　ボンドフラックス

【160】大入熱サブマージアーク溶接の熱影響部に生じる現象はどれか。
a　細粒化や硬化
b　細粒化やぜい化
c　粗粒化や硬化
d　粗粒化やぜい化

次の設問【161】～【165】は高張力鋼の補修溶接について述べている。正しいものを１つ選び，マークシートの解答欄の該当箇所にマークせよ。

【161】補修溶接時に最も留意すべきものはどれか。
a　溶着量
b　溶接速度
c　拡散性水素量
d　アーク長

【162】補修溶接の予熱温度はどれか。
a　本溶接より低い温度
b　本溶接と同じ温度
c　本溶接より高い温度
d　予熱不要

【163】補修溶接ビードの最小長さはどの程度か。

a　15mm
b　50mm
c　150mm
d　300mm

【164】補修溶接部の適切な非破壊検査時期はどれか。

a　溶接直後
b　溶接完了後，12時間～24時間の間
c　溶接完了後，24時間～48時間経過後
d　いつでも良い

【165】PWHT（溶接後熱処理）ができない場合にとられる方法はどれか。

a　バックステップ法
b　ブロック法
c　ウィービング法
d　テンパビード法

次の設問【166】～【170】は溶接継手の非破壊試験方法について述べている。正しいものを１つ選び，マークシートの解答欄の該当箇所にマークせよ。

【166】ブローホールの検出に適している試験方法はどれか。

a　磁粉探傷試験
b　目視試験
c　浸透探傷試験
d　放射線透過試験

【167】V開先溶接継手の開先面の融合不良の検出に適している試験方法はどれか。

a　磁粉探傷試験
b　超音波探傷試験
c　浸透探傷試験
d　放射線透過試験

【168】オーステナイト系ステンレス鋼溶接部のアンダカットの検出に適している試験方法はどれか。

a　目視試験
b　磁粉探傷試験
c　超音波探傷試験
d　放射線透過試験

【169】オーステナイト系ステンレス鋼溶接部のピットの検出に適している試験方法はどれか。

a　超音波探傷試験
b　浸透探傷試験
c　磁粉探傷試験
d　放射線透過試験

【170】高張力鋼のジグ跡の微細な表面割れの検出に適しているのはどれか。

a　磁粉探傷試験

b　超音波探傷試験
c　放射線透過試験
d　目視試験

次の設問【171】〜【175】は溶接継手表面の非破壊試験について述べている。正しいものを１つ選び，マークシートの解答欄の該当箇所にマークせよ。

【171】磁粉探傷試験が適用できない材料はどれか。
a　SM490
b　A5083
c　S45C
d　SN400

【172】極間法による磁粉探傷試験について正しいのはどれか。
a　電流と平行に磁束が発生する
b　２つの磁極を結んだ方向に平行なきずの検出が容易である
c　２つの磁極を結んだ方向に直角なきずの検出が容易である
d　蛍光磁粉には適用できない

【173】蛍光磁粉を用いる磁粉探傷試験で観察に用いる機材はどれか。
a　白色灯
b　蛍光灯
c　赤外線照射灯
d　紫外線照射灯

【174】速乾式現像法による溶剤除去性浸透探傷試験について正しいのはどれか。
a　溶剤洗浄による前処理では乾燥処理を省略できる
b　浸透時間は短い方が良い
c　除去処理では洗浄液を直接吹き付けないようにする
d　現像処理後できるだけ早く観察を終えるようにする

【175】浸透探傷試験に関する記述で，正しいのはどれか。
a　試験材料の温度の影響を受けない
b　非鉄金属にも適用できる
c　表面粗さの影響を受けない
d　きずの深さが推定できる

次の設問【176】〜【180】は溶接継手内部の非破壊試験方法について述べている。正しいものを１つ選び，マークシートの解答欄の該当箇所にマークせよ。

【176】X線のほかに放射線透過試験に広く用いられる放射線はどれか。
a　α線
b　β線
c　γ線
d　中性子線

【177】試験材を透過した放射線の強さの記述で，正しいのはどれか。
a　試験材が厚いほど弱くなる
b　試験材が厚いほど強くなる

c　試験材が薄いほど弱くなる
d　試験材の厚さに関係なく同じである

【178】超音波探傷試験で欠陥エコーが最も高くなるのはどれか。

a　面状欠陥に超音波が15度で入射した場合
b　面状欠陥に超音波が45度で入射した場合
c　面状欠陥に超音波が垂直に入射した場合
d　面状欠陥に超音波が平行に入射した場合

【179】超音波斜角探傷試験で探触子の屈折角とビーム路程から求まるのはどれか。

a　反射源の種類
b　反射源の深さ位置
c　反射源の大きさ
d　反射源の長さ

【180】超音波探傷試験が放射線透過試験より優れている点はどれか。

a　欠陥の種類判別が容易である
b　ブローホールの検出が容易である
c　表面粗さの影響を受けない
d　試験体の片側から検査ができる

次の設問【181】～【185】は感電防止のための安全・衛生について述べている。正しいものを１つ選び，マークシートの解答欄の該当箇所にマークせよ。

【181】感電防止に有効な方法はどれか。

a　マグ溶接を被覆アーク溶接に変更する
b　被覆アーク溶接をマグ溶接に変更する
c　定格出力の大きな溶接電源に変更する
d　溶接ケーブルを太いものに変更する

【182】JIS C 9311で規定されている遅動時間の意味はどれか。

a　アーク停止後，次の溶接ができるようになるまでの時間
b　アーク停止後，無負荷電圧が安全電圧に変わるまでの時間
c　アーク停止後，溶接機の温度が溶接開始時の温度に下がるまでの時間
d　溶接棒を短絡させた後，溶接が開始できるまでの時間

【183】電撃防止装置で遅動時間が設定されている理由はどれか。

a　被覆アーク溶接棒と溶接棒ホルダとの絶縁性保護のため
b　溶接電源の回路保護のため
c　短い間隔でアークを断続的に発生させるため
d　溶接棒ホルダの絶縁性確保のため

【184】電撃防止装置の始動時間中に溶接棒ホルダと母材間に生じる電圧はどれか。

a　安全電圧
b　アーク電圧
c　短絡電圧
d　無負荷電圧

【185】マグ溶接において，感電の防止に最も役立つのはどれか。

a　インバータ制御式溶接電源を用いる

b　ヒューム吸引トーチを用いる
c　溶接機の外箱を接地する
d　溶接ケーブルを短くする

次の設問【186】～【190】は粉じんに対する安全・衛生について述べている。正しいものを１つ選び，マークシートの解答欄の該当箇所にマークせよ。

【186】国家検定合格品を用いなければならないのはどれか。
a　全体換気装置
b　局所排気装置
c　防じんマスク
d　ヒューム吸引トーチ

【187】ヒューム発生量が最も多い溶接法はどれか。
a　セルフシールドアーク溶接
b　マグ溶接
c　ティグ溶接
d　サブマージアーク溶接

【188】溶接ヒュームへの対策で最も効果があるのはどれか。
a　防じんマスクの使用
b　半自動溶接の採用
c　溶接作業場所の全体換気
d　電動ファン付き呼吸用保護具（PAPR）の使用

【189】溶接ヒュームを吸引すると急性症状として現れるのはどれか。
a　肺炎
b　金属熱
c　肺結核
d　じん肺

【190】粉じん障害防止規則に定められた，粉じん作業を行う屋内作業場の清掃頻度の決まりはどれか。
a　１か月ごとに実施
b　１週間ごとに実施
c　隔日に実施
d　毎日実施

次の設問【191】～【195】はガスに関する安全・衛生について述べている。正しいものを１つ選び，マークシートの解答欄の該当箇所にマークせよ。

【191】日本での水素ガス容器の識別色はどれか。
a　赤色
b　かっ色
c　緑色
d　黒色

【192】日本でのアルゴン用ガス容器とゴムホースの識別色はどれか。

a　容器は緑色，ホースは緑色
b　容器は黒色，ホースは緑色
c　容器はねずみ色，ホースは緑色
d　容器はねずみ色，ホースは青色

【193】労働安全衛生規則で定める，ガス容器の保持温度はどれか。

a　30℃以下
b　40℃以下
c　50℃以下
d　60℃以下

【194】逆火してきた火炎を止めるのに有効な器具はどれか。

a　混合器
b　流量計
c　安全器
d　圧力調整器

【195】銅と反応して爆発性化合物を作る燃料ガスはどれか。

a　水素
b　アセチレン
c　プロパン
d　天然ガス

次の設問【196】〜【200】は有害光に関する安全・衛生について述べている。正しいものを１つ選び，マークシートの解答欄の該当箇所にマークせよ。

【196】眼に強く照射されると網膜炎が生じやすい光線はどれか。

a　赤外線
b　紫外線
c　青光（ブルーライト）
d　X線

【197】眼に照射されると角膜損傷が生じやすいレーザ光線はどれか。

a　CO_2レーザ
b　YAGレーザ
c　ファイバーレーザ
d　半導体レーザ（LDレーザ）

【198】溶接電流が200 Aのマグ溶接で使用するフィルタプレートの遮光度番号の標準はどれか。

a　7〜8
b　9〜10
c　11〜12
d　13〜14

【199】アーク光によって生じやすい急性眼炎はどれか。

a　結膜炎
b　緑内障
c　電気性眼炎

d　白内障

【200】白内障が生じやすい溶接法はどれか。

a　エレクトロスラグ溶接
b　ミグ溶接
c　サブマージアーク溶接
d　抵抗溶接

●2022年11月６日出題　２級試験問題●
解答例

【1】c,【2】c,【3】b,【4】b,【5】a,【6】c,【7】c,【8】b,
【9】a,【10】b,【11】d,【12】b,【13】c,【14】d,【15】a,【16】d,
【17】c,【18】c,【19】d,【20】a,【21】b,【22】a,【23】b,【24】c,
【25】c,【26】c,【27】d,【28】b,【29】a,【30】c,【31】a,【32】b,
【33】b,【34】b,【35】a,【36】b,【37】a,【38】c,【39】d,【40】c,
【41】c,【42】c,【43】b,【44】c,【45】d,【46】b,【47】d,【48】a,
【49】d,【50】b,【51】a,【52】a,【53】c,【54】a,【55】b,【56】b,
【57】b,【58】a,【59】c,【60】b,【61】d,【62】c,【63】b,【64】a,
【65】b,【66】a,【67】b,【68】c,【69】b,【70】b,【71】c,【72】a,
【73】b,【74】c,【75】c,【76】a,【77】a,【78】b,【79】c,【80】a,
【81】b,【82】c,【83】b,【84】b,【85】b,【86】b,【87】c,【88】d,
【89】c,【90】a,【91】a,【92】c,【93】b,【94】d,【95】d,【96】a,
【97】c,【98】d,【99】b,【100】a,【101】a,【102】a,【103】d,【104】b
【105】c,【106】a,【107】b,【108】a,【109】c,【110】c,【111】b,【112】b,
【113】b,【114】a,【115】c,【116】d,【117】b,【118】c,【119】b,【120】c,
【121】a,【122】a,【123】b,【124】b,【125】c,【126】d,【127】c,【128】c,
【129】a,【130】c,【131】a,【132】c,【133】b,【134】b,【135】a,【136】c,
【137】d,【138】a,【139】c,【140】b,【141】c,【142】c,【143】c,【144】c,
【145】d,【146】d,【147】c,【148】b,【149】c,【150】c,【151】b,【152】c,
【153】b,【154】c,【155】c,【156】c,【157】b,【158】c,【159】c,【160】d,
【161】c,【162】c,【163】b,【164】c,【165】d,【166】d,【167】b,【168】a,
【169】b,【170】a,【171】b,【172】c,【173】d,【174】c,【175】b,【176】c,
【177】a,【178】c,【179】b,【180】d,【181】b,【182】b,【183】c,【184】c,
【185】c,【186】c,【187】a,【188】d,【189】b,【190】d,【191】a,【192】c,
【193】b,【194】c,【195】b,【196】c,【197】a,【198】c,【199】c,【200】b

●2022年6月5日出題●

2級試験問題

次の設問【1】～【5】は溶接法について述べている。正しいものを1つ選び，マークシートの解答欄の該当箇所にマークせよ。

【1】両溶接法がアーク溶接に分類されるのはどれか。

a　ガス溶接と被覆アーク溶接
b　マグ溶接とミグ溶接
c　サブマージアーク溶接とフラッシュ溶接
d　エレクトロガスアーク溶接とエレクトロスラグ溶接

【2】両溶接法が抵抗溶接に分類されるのはどれか。

a　アプセット溶接と拡散接合
b　摩擦攪拌接合と電子ビーム溶接
c　プロジェクション溶接とシーム溶接
d　フラッシュ溶接とレーザ溶接

【3】両溶接法がガスシールドアーク溶接に分類されるのはどれか。

a　ティグ溶接とフラッシュ溶接
b　プラズマアーク溶接とエレクトロガスアーク溶接
c　エレクトロガスアーク溶接とエレクトロスラグ溶接
d　被覆アーク溶接とセルフシールドアーク溶接

【4】両溶接法が非溶極式アーク溶接に分類されるのはどれか。

a　マグ溶接とミグ溶接
b　ティグ溶接とプラズマアーク溶接
c　電子ビーム溶接とレーザ溶接
d　アプセット溶接とフラッシュ溶接

【5】両溶接法が溶極式アーク溶接に分類されるのはどれか。

a　ティグ溶接とミグ溶接
b　ティグ溶接とプラズマアーク溶接
c　エレクトロガスアーク溶接とエレクトロスラグ溶接
d　サブマージアーク溶接とセルフシールドアーク溶接

次の設問【6】～【10】は溶接アークの性質について述べている。正しいものを1つ選び，マークシートの解答欄の該当箇所にマークせよ。

【6】アーク柱を流れる電流によって生じる電磁力で，アーク柱はどのようになるか。

a　長さが短くなる
b　長さが長くなる
c　断面が収縮する
d　断面が膨張する

【7】前問【6】の現象を生じさせるのはどれか。

a　アークの反力
b　電磁的ピンチ効果
c　熱的ピンチ効果
d　熱対流

【8】アークが冷却されることで，アーク柱はどのようになるか。

a　長さが短くなる
b　長さが長くなる
c　断面が収縮する
d　断面が膨張する

【9】前問【8】の現象を生じさせるのはどれか。

a　アークの反力
b　電磁的ピンチ効果
c　熱的ピンチ効果
d　熱対流

【10】ワイヤ端からの溶滴の離脱に最も関係するのはどれか。

a　電磁ピンチ力
b　熱的ピンチ力
c　自己制御作用
d　クリーニング作用

次の設問【11】～【15】は溶接条件因子の影響について述べている。正しいものを１つ選び，マークシートの解答欄の該当箇所にマークせよ。

【11】アーク電圧と溶接速度を一定にして，溶接電流を増加させるとどうなるか。

a　ビード幅が減少し，溶込み深さが増加する
b　ビード幅が増加し，溶込み深さが減少する
c　ビード幅，溶込み深さともに増加する
d　ビード幅は変化せず，余盛高さが高くなる

【12】溶接電流と溶接速度を一定にして，アーク電圧を高くするとどうなるか。

a　ビード幅が減少し，溶込み深さが増加する
b　ビード幅が増加し，溶込み深さが減少する
c　ビード幅は変化せず，溶込み深さが増加する
d　ビード幅は変化せず，余盛高さが高くなる

【13】溶接電流とアーク電圧を一定にして，溶接速度を遅くするとどうなるか。

a　ビード幅が減少し，溶込み深さが増加する
b　ビード幅が増加し，溶込み深さが減少する
c　ビード幅，溶込み深さともに増加する
d　ビード幅は変化せず，余盛高さが高くなる

【14】小電流溶接で，溶接速度を速くした場合に生じやすいのはどれか。

a　溶落ち
b　溶込不良

c　アンダカット
d　オーバラップ

【15】大電流溶接で，溶接速度を速くした場合に生じやすいのはどれか。

a　溶落ち
b　穴あき
c　アンダカット
d　オーバラップ

次の設問【16】～【20】はレーザ溶接および摩擦攪拌接合について述べている。正しいものを1つ選び，マークシートの解答欄の該当箇所にマークせよ。

【16】レーザ溶接の長所はどれか。

a　ビード幅および熱影響部が狭く溶接変形が少ない
b　材料の表面状態によらず安定した溶込みが得られる
c　銅などの光の反射率が高い材料の溶接が容易である
d　特別な安全対策が不要である

【17】レーザ溶接の短所はどれか。

a　アーク溶接法などに比べて入熱が大きい
b　開先裕度が小さく高精度な開先加工や組立が必要である
c　高融点材料やセラミックスの溶接が困難である
d　溶接部を真空にする必要がある

【18】摩擦攪拌接合の長所はどれか。

a　溶接変形や残留応力を低減できる
b　開先裕度が大きく高精度な開先加工や組立を必要としない
c　複雑な継手形状や狭隘箇所の溶接に適している
d　深い溶込みが得られ厚鋼板の高能率溶接が可能である

【19】摩擦攪拌接合の短所はどれか。

a　ポロシティが発生しやすい
b　アンダカットが発生しやすい
c　高融点材料やセラミックスの溶接が困難である
d　光やプラズマに対する安全対策が必要である

【20】摩擦攪拌接合に最も適した材料と継手形状の組合せはどれか。

a　板厚10 mmの軟鋼板のすみ肉継手
b　板厚10 mmの軟鋼板の突合せ継手
c　板厚10 mmのステンレス鋼板の突合せ継手
d　板厚10 mmのアルミニウム合金の突合せ継手

次の設問【21】～【25】はマグ溶接について述べている。正しいものを1つ選び，マークシートの解答欄の該当箇所にマークせよ。

【21】マグ溶接で，一般に使用される電源特性はどれか。

a　交流垂下特性
b　交流定電圧特性

c　直流定電流特性
d　直流定電圧特性

【22】ワイヤの溶融に寄与する熱は，アーク熱と次のどの熱か。

a　ワイヤ突出し部の放射熱
b　ワイヤ突出し部の抵抗発熱
c　ワイヤ突出し部の反射熱
d　ワイヤ突出し部の潜熱

【23】アーク長を一定に保つのはどれか。

a　アークのクリーニング作用
b　アークの電磁的ピンチ効果
c　電源の自己制御作用
d　電源のフィードバック制御作用

【24】ワイヤに給電する役割をもち，消耗するとアーク不安定を生じる原因となるトーチ部品はどれか。

a　コンタクトチップ
b　ノズル
c　オリフィス
d　インシュレータ

【25】ワイヤ送給の重要部品であり，極端に折り曲げてはならないものはどれか。

a　溶接ケーブル
b　コンジット（ケーブル）
c　冷却水ホース
d　ガスホース

次の設問【26】～【30】はマグ溶接の溶滴移行形態について述べている。正しいものを１つ選び，マークシートの解答欄の該当箇所にマークせよ。

【26】シールドガスに80%アルゴンと20%炭酸ガスの混合ガスを用いるマグ溶接の小電流・低電圧域での溶滴移行形態はどれか。

a　スプレー移行
b　ドロップ移行
c　反発移行
d　短絡移行

【27】前問【26】の混合ガスを用いるマグ溶接の中電流・中電圧域での溶滴移行形態はどれか。

a　スプレー移行
b　ドロップ移行
c　反発移行
d　短絡移行

【28】前問【26】の混合ガスを用いるマグ溶接の大電流・高電圧域での溶滴移行形態はどれか。

a　スプレー移行
b　ドロップ移行

c　反発移行
d　短絡移行

【29】シールドガスに100%炭酸ガスを用いるマグ溶接の中電流・中電圧域での溶滴移行形態はどれか。

a　スプレー移行
b　ドロップ移行
c　反発移行
d　短絡移行

【30】前問【29】のシールドガスを用いるマグ溶接の大電流・高電圧域での溶滴移行形態はどれか。

a　スプレー移行
b　ドロップ移行
c　反発移行
d　短絡移行

次の設問【31】～【35】はアーク溶接に用いるセンサについて述べている。正しいものを1つ選び，マークシートの解答欄の該当箇所にマークせよ。

【31】ワイヤタッチセンサの機能はどれか。

a　溶融池形状の検出
b　部材位置の検出
c　アーク発生時間の検出
d　ワイヤ送給速度の検出

【32】アークセンサの機能はどれか。

a　溶接線のならい
b　部材位置の検出
c　アーク発生時間の検出
d　ワイヤ送給速度の検出

【33】ワイヤタッチセンサで利用しているものはどれか。

a　溶接速度
b　ワイヤ送給速度
c　溶接電流
d　無負荷電圧

【34】アークセンサで利用しているものはどれか。

a　溶接速度
b　ワイヤ送給速度
c　溶接電流
d　無負荷電圧

【35】アーク溶接ロボットで多用される溶接法はどれか。

a　サブマージアーク溶接
b　マグ溶接
c　セルフシールドアーク溶接
d　エレクトロガスアーク溶接

次の設問【36】～【40】は切断法について述べている。正しいものを１つ選び，マークシートの解答欄の該当箇所にマークせよ。

【36】ガス切断の主たるエネルギー源はどれか。

a　酸素とアセチレンの化学反応熱
b　酸素と鉄の化学反応熱
c　アセチレンの運動エネルギー
d　酸素の運動エネルギー

【37】アルミニウム合金の切断に適用できない切断法はどれか。

a　ガス切断
b　プラズマ切断
c　レーザ切断
d　ウォータジェット切断

【38】板厚１mm程度の鋼板の高速・低変形切断に最も適した切断法はどれか。

a　ガス切断
b　プラズマ切断
c　レーザ切断
d　ウォータジェット切断

【39】鉄筋コンクリートの切断に用いられる切断法はどれか。

a　ガス切断
b　プラズマ切断
c　レーザ切断
d　ウォータジェット切断

【40】パウダ切断はどの切断法を応用したものか。

a　ガス切断
b　プラズマ切断
c　レーザ切断
d　ウォータジェット切断

次の設問【41】～【45】は下図に示した鉄－炭素系状態図について述べている。正しいものを１つ選び，マークシートの解答欄の該当箇所にマークせよ。

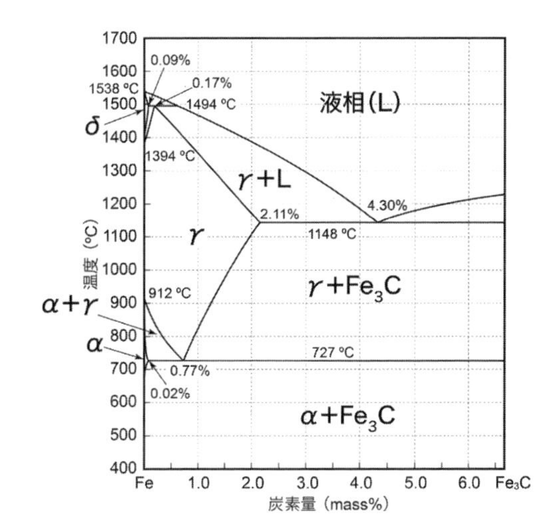

【41】状態図中の α は何と呼ばれるか。

a　フェライト
b　パーライト
c　オーステナイト
d　マルテンサイト

【42】状態図中の γ は何と呼ばれるか。

a　フェライト
b　パーライト
c　オーステナイト
d　マルテンサイト

【43】オーステナイトに固溶できる最大の炭素量はどれか。

a　0.17 %
b　0.77 %
c　2.11 %
d　4.30 %

【44】フェライトに固溶できる最大の炭素量はどれか。

a　0.02 %
b　0.17 %
c　0.77 %
d　2.11 %

【45】フェライト＋パーライト組織となるのは，状態図中のどの領域か。

a　$\gamma + L$ 領域
b　$\alpha + \gamma$ 領域
c　$\gamma + Fe_3C$ 領域
d　$\alpha + Fe_3C$ 領域

次の設問【46】～【50】は鋼の熱処理について述べている。正しいものを１つ選び，マークシートの解答欄の該当箇所にマークせよ。

【46】A_3 温度より約50 ℃高い温度に加熱して，一様なオーステナイト組織にした後，炉中で徐冷する処理はどれか。

a　焼なまし
b　焼入れ
c　焼ならし
d　焼戻し

【47】組織を微細化するために，オーステナイト温度域から空冷する処理はどれか。

a　焼なまし
b　焼入れ
c　焼ならし
d　焼戻し

【48】硬さや強度を増すために，オーステナイト温度域から急冷する処理はどれか。

a　焼なまし
b　焼入れ
c　焼ならし
d　焼戻し

【49】オーステナイト温度域から急冷処理後，じん性を向上させるため600℃程度の温度に再加熱し，空冷する処理はどれか。

a　焼なまし

b　焼入れ
c　焼ならし
d　焼戻し

【50】加工熱処理（TMCP）とは，どのような処理か。
a　炭化物などの析出物や時効硬化相を固溶させ，急冷する処理
b　ステンレス鋼などで炭素を安定化させる処理
c　制御圧延を行い，加速冷却する処理
d　焼入れ後に，常温よりも低い温度に冷却し，その温度で保持する処理

次の設問【51】～【55】はJIS鋼材規格について述べている。正しいものを１つ選び，マークシートの解答欄の該当箇所にマークせよ。

【51】SN材はどれか。
a　一般構造用圧延鋼材
b　溶接構造用圧延鋼材
c　建築構造用圧延鋼材
d　機械構造用炭素鋼材

【52】C量の規定がなく，PおよびS量のみが規定されている鋼材はどれか。
a　SS400
b　SM400A
c　SM400B
d　SM400C

【53】SM400A,B,Cの３種類で規定値が異なるものはどれか。
a　引張強さ
b　降伏点または耐力
c　シャルピー吸収エネルギー
d　疲れ強さ

【54】SM材には規定がなく，SN材BおよびC種に規定されているのはどれか。
a　引張強さ
b　シャルピー吸収エネルギー
c　降伏点または耐力
d　炭素当量

【55】SN材でA種とB種には規定がなく，C種のみに規定されているのはどれか。
a　板厚方向の絞り値
b　降伏点または耐力
c　疲れ強さ
d　シャルピー吸収エネルギー

次の設問【56】～【60】は各種鋼材について述べている。正しいものを１つ選び，マークシートの解答欄の該当箇所にマークせよ。

【56】一般に，高張力鋼の引張強さはいくら以上か。
a　350 N/mm^2
b　490 N/mm^2

c　570 N/mm^2
d　780 N/mm^2

【57】低温用鋼で特に重視される特性はどれか。

a　引張強さ
b　絞り
c　じん性
d　耐食性

【58】低温用途に用いられる鋼はどれか。

a　高速度鋼
b　軟鋼
c　クロムモリブデン鋼
d　ニッケル鋼

【59】高温用鋼でクリープ強さを高めるため，一般に添加される元素はどれか。

a　Zn と Pb
b　Cr と Mo
c　Mg と Ca
d　Al と Cu

【60】耐候性鋼で耐食性を高めるため，一般に添加される元素はどれか。

a　Cr と Cu
b　Si と Mn
c　Nb と V
d　P と S

次の設問【61】～【65】は溶接入熱と冷却速度，溶込みについて述べている。正しいものを１つ選び，マークシートの解答欄の該当箇所にマークせよ。

【61】ビードオンプレート溶接で，溶込み断面積40 mm，余盛断面積60 mm のとき，溶込み率（希釈率）はいくらか。

a　20 %
b　30 %
c　40 %
d　60 %

【62】溶接電流200 A，アーク電圧25 Vのとき，溶接入熱が10 kJ/cm となる溶接速度はいくらか。

a　10 cm/分
b　20 cm/分
c　30 cm/分
d　40 cm/分

【63】炭素鋼溶接部の室温組織を評価する指標として，何℃での冷却速度が用いられるか。

a　1000 ℃
b　800 ℃
c　540 ℃
d　300 ℃

【64】溶接入熱が大きくなると，溶込み率はどうなるか。

a　大きくなる
b　小さくなる
c　変わらない
d　大きくなる場合と小さくなる場合がある

【65】溶接入熱が大きくなると，冷却速度はどうなるか。

a　大きくなる
b　小さくなる
c　変わらない
d　大きくなる場合と小さくなる場合がある

次の設問【66】～【70】は下図（模式図）に示した炭素鋼溶接熱影響部について述べている。正しいものを１つ選び，マークシートの解答欄の該当箇所にマークせよ。

【66】溶接金属について正しい記述はどれか。

a　オーステナイト組織である
b　母材のミクロ組織と同一である
c　高温割れが発生しにくい
d　主に柱状の組織である

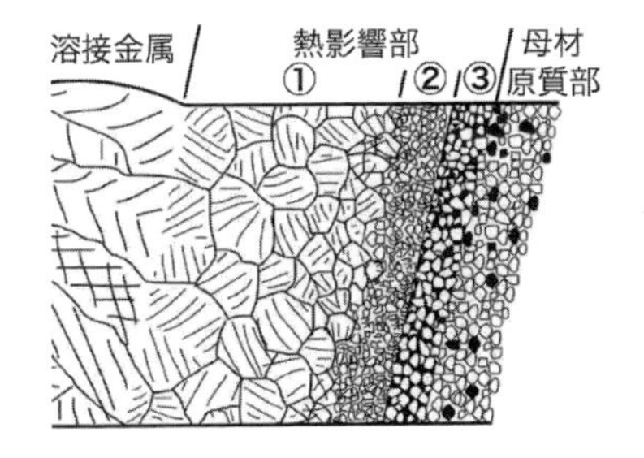

【67】溶接熱影響部①の特徴はどれか。

a　ぜい化や硬化が生じやすい
b　再結晶が生じ，じん性などの機械的性質が良好である
c　二相域に加熱された領域で，じん性が劣化することがある
d　ミクロ組織には変化がないが，ひずみ時効によりぜい化することがある

【68】溶接熱影響部②の特徴はどれか。

a　ぜい化や硬化が生じやすい
b　再結晶が生じ，じん性などの機械的性質が良好である
c　二相域に加熱された領域で，じん性が劣化することがある
d　ミクロ組織には変化がないが，ひずみ時効によりぜい化することがある

【69】溶接熱影響部③の特徴はどれか。

a　ぜい化や硬化が生じやすい

b　再結晶が生じ，じん性などの機械的性質が良好である
c　二相域に加熱された領域で，じん性が劣化することがある
d　ミクロ組織には変化がないが，ひずみ時効によりぜい化することがある

【70】炭素当量により推定できる溶接熱影響部の特性はどれか。
a　結晶粒度
b　延性
c　耐食性
d　最高硬さ

次の設問【71】～【75】は溶接部の欠陥および割れについて述べている。正しいものを１つ選び，マークシートの解答欄の該当箇所にマークせよ。

【71】凝固割れとは，どのような割れか。
a　溶融金属が最後に凝固する位置で発生する割れ
b　溶接熱影響部において，低融点不純物偏析部の局部溶融によって生じる割れ
c　溶接後熱処理を施した場合に，溶接熱影響部に生じる割れ
d　高温高圧の水素雰囲気にて，ステンレス鋼肉盛溶接部の境界で発生する割れ

【72】凝固割れの防止策として有効なものはどれか。
a　不純物元素（PおよびS）量の低減
b　水素量の低減
c　継手の拘束
d　溶接後熱処理（PWHT）

【73】低温割れの発生時期について正しいのはどれか。
a　溶接中に生じる
b　溶接後熱処理中に生じる
c　溶接後，数分～数日たってから生じる
d　溶接後，数ヵ月以上たってから生じる

【74】低温割れの防止策として有効なものはどれか。
a　溶接入熱の低減
b　予熱および直後熱の実施
c　溶接割れ感受性組成（P_{CM}）が大きい鋼材の使用
d　イルミナイト系溶接棒の使用

【75】溶接後熱処理などの熱処理を加えた場合に，溶融境界線近傍の溶接熱影響部に生じる割れはどれか。
a　再熱割れ
b　遅れ割れ
c　延性低下割れ
d　ラメラテア

次の設問【76】～【80】は溶接材料について述べている。正しいものを１つ選び，マークシートの解答欄の該当箇所にマークせよ。

【76】被覆アーク溶接棒のJIS記号，E4316中の「16」は何を表すか。
a　被覆剤の系統

b　溶着金属の最小引張強さの水準
c　シャルピー吸収エネルギーの水準
d　適用できる溶接姿勢

【77】イルミナイト系被覆アーク溶接棒の特徴はどれか。

a　溶込みが浅く，薄板溶接用として優れている
b　溶着速度が大きく，高能率溶接が可能である
c　耐低温割れ性に優れている
d　溶込みが深く，ブローホールの発生が少ない

【78】シールドガスに100％炭酸ガスを用いるマグ溶接用ソリッドワイヤはどれか。

a　YGW11
b　YGW15
c　YGW17
d　YGW19

【79】シールドガスが80％アルゴン＋20％炭酸ガス用の溶接ワイヤを，100％炭酸ガスで使用した場合，どうなるか。

a　溶接金属のSiとMn量が少なくなり，引張強さが上昇する
b　溶接金属のSiとMn量が少なくなり，引張強さが低下する
c　溶接金属のSiとMn量が多くなり，引張強さが上昇する
d　溶接金属のSiとMn量が多くなり，引張強さが低下する

【80】スラグ系フラックス入りワイヤを用いたとき，ソリッドワイヤに比べて少なくなるのはどれか。

a　拡散性水素
b　スパッタ
c　溶接金属中の酸素量
d　溶接割れ

次の設問【81】～【85】はステンレス鋼とその溶接性について述べている。正しいものを１つ選び，マークシートの解答欄の該当箇所にマークせよ。

【81】JISで規定されているステンレス鋼はクロムを最低何mass％以上含有しているか。

a　約5
b　約11
c　約18
d　約24

【82】軟鋼に比べて，オーステナイト系ステンレス鋼の溶接で留意すべきことはどれか。

a　高温割れ
b　低温割れ
c　ぜい化
d　ブローホール

【83】フェライト系ステンレス鋼の溶接部に発生しやすい問題はどれか。

a　溶接熱影響部の軟化
b　じん性の低下
c　オーステナイト相の増加

d　ラメラテアの発生

【84】オーステナイト系ステンレス鋼に発生する凝固割れの防止策はどれか。

a　拡散性水素量の低減
b　予熱の実施
c　δ（デルタ）フェライトを晶出する溶接材料の使用
d　600 ℃～650 ℃での溶接後熱処理の実施

【85】オーステナイト系ステンレス鋼の溶接熱影響部に生じる鋭敏化による粒界腐食の防止策はどれか。

a　拡散性水素量の低減
b　予熱の実施
c　600 ℃～650 ℃での溶接後熱処理の実施
d　低炭素ステンレス鋼の採用

次の設問【86】～【90】は材料力学の基礎について述べている。正しいものを1つ選び，マークシートの解答欄の該当箇所にマークせよ。

【86】断面積が10 mm の丸棒を500 Nの荷重で引張ったときに生じる応力はどれか。

a　50 N/mm^{2}の引張応力
b　50 N/mm^{2}の圧縮応力
c　500 N/mm^{2}の引張応力
d　500 N/mm^{2}の圧縮応力

【87】丸棒引張試験において，20 mmの標点距離が伸びて22 mmになったときのひずみはいくらか。

a　0.01
b　0.1
c　1
d　10

【88】応力σとひずみεの間に成立する$\sigma = E \cdot \varepsilon$の式で比例定数Eは何か。

a　縦弾性係数
b　横弾性係数
c　体積弾性率
d　剛性率

【89】矩形断面はりが曲げを受けるとき，凸側表面に生じる応力はどれか。

a　せん断応力
b　残留応力
c　圧縮応力
d　引張応力

【90】両端を閉じた内圧を受ける薄肉円筒容器に生じる周方向応力は軸方向応力の何倍か。

a　1/2倍
b　1倍
c　2倍
d　4倍

次の設問【91】～【95】は溶接継手の強度・破壊の特徴について述べている。正しいものを１つ選び，マークシートの解答欄の該当箇所にマークせよ。

【91】溶接継手の静的引張強さの特徴はどれか。

a　余盛の影響を受ける
b　残留応力の影響を受ける
c　余盛と残留応力の影響をともに受けない
d　余盛と残留応力の影響をともに受ける

【92】溶接継手のぜい性破壊に最も大きな影響を及ぼす欠陥はどれか。

a　ポロシティ
b　スラグ巻込み
c　割れ
d　アンダフィル

【93】ぜい性破面に見られる特徴的な模様はどれか。

a　シェブロンパターン（山形模様）
b　シャーリップ
c　ビーチマーク（貝殻模様）
d　ディンプル（凹凸模様）

【94】溶接継手（余盛付き）の疲れ強さは，機械的性質とどのように関係するか。

a　材料の降伏応力に比例して大きくなる
b　材料の引張強さに比例して大きくなる
c　材料の破断伸びに比例して大きくなる
d　材料の静的強さにほぼ無関係である

【95】溶接継手のクリープ強さの向上に有効なものはどれか。

a　降伏応力の高い材料を使用する
b　引張強さの高い材料を使用する
c　高温強度の高い材料を使用する
d　低温強度の高い材料を使用する

次の設問【96】～【100】は溶接継手の残留応力と強度について述べている。正しいものを１つ選び，マークシートの解答欄の該当箇所にマークせよ。

【96】突合せ溶接継手において，最大の引張残留応力が生じる位置と方向はどれか。

a　溶接線端部で溶接線直角方向
b　溶接線端部で溶接線方向
c　溶接線中央部で溶接線直角方向
d　溶接線中央部で溶接線方向

【97】溶接線近傍で残留応力が引張となる範囲と溶接入熱の関係について，正しいのはどれか。

a　溶接入熱が大きい方が範囲が大きい
b　溶接入熱が小さい方が範囲が大きい
c　溶接入熱にはほぼ無関係である
d　ある特定の溶接入熱で範囲が最大となる

【98】溶接残留応力の特徴はどれか。

a　引張残留応力の合力 < 圧縮残留応力の合力
b　引張残留応力の合力 > 圧縮残留応力の合力
c　引張残留応力の合力 = 圧縮残留応力の合力
d　引張残留応力の合力は圧縮残留応力の合力と無関係である

【99】引張残留応力の影響で低下するのはどれか。

a　引張強度
b　座屈強度
c　疲労強度
d　クリープ強度

【100】圧縮残留応力の影響で低下するのはどれか。

a　引張強度
b　座屈強度
c　疲労強度
d　クリープ強度

次の設問【101】～【105】はJIS Z 3021 溶接記号について述べている。正しいものを１つ選び，マークシートの解答欄の該当箇所にマークせよ。

【101】図Aの溶接記号で表される開先形状はどれか。

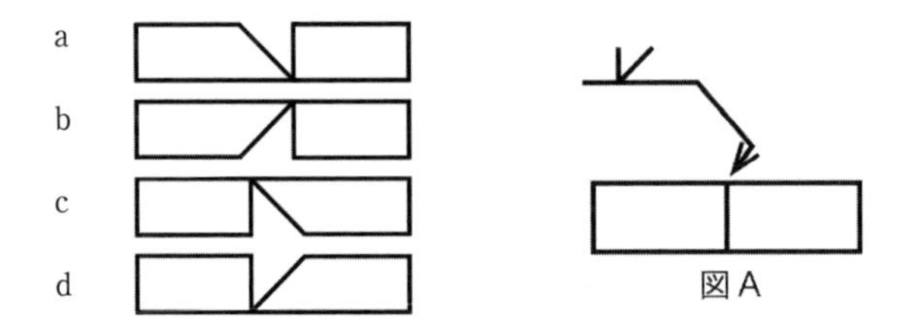

図A

【102】図Bのすみ肉溶接継手の溶接記号はどれか。

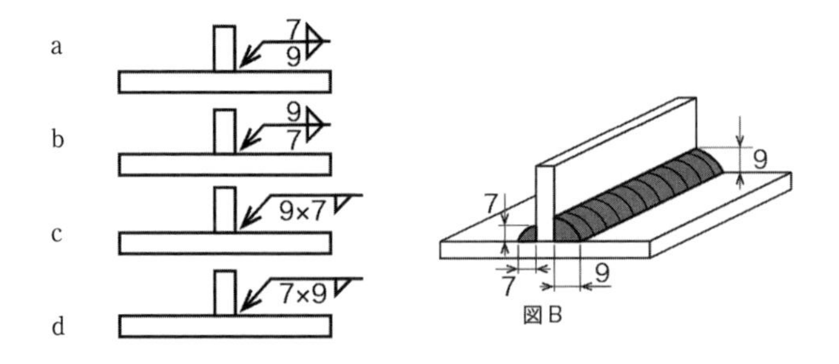

図B

【103】溶接記号「RT－○」は何を表すか。

a　抜取りの超音波探傷試験を行う
b　抜取りの放射線透過試験を行う

c　全線の超音波探傷試験を行う
d　全線の放射線透過試験を行う

【104】全周現場溶接を行う溶接記号はどれか。

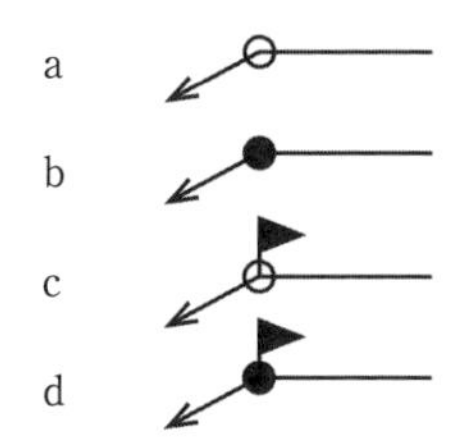

【105】溶接記号 P で表される仕上げ方法はどれか。

a　チッピング
b　グラインダ
c　切削
d　研磨

次の設問【106】～【110】は溶接継手設計について述べている。正しいものを１つ選び，マークシートの解答欄の該当箇所にマークせよ。

【106】溶接設計に関する基本的考え方はどれか。

a　溶接箇所はできるだけ少なくして，開先断面積をなるべく大きくする
b　継手の位置は，構造上の応力集中部と重なってもよい
c　開先形状は，板厚や溶接法に無関係に選択してよい
d　溶接線が近接したり，集中したりしないようにする

【107】鋼板の突合せ溶接継手の開先形状を選定する際に最も考慮すべき項目はどれか。

a　鋼材の化学組成
b　鋼板の厚さ
c　予熱温度
d　鋼材の強度

【108】極厚板の突合せ溶接において，角変形を最も少なくできる開先形状はどれか。

a　レ形開先
b　J 形開先
c　V 形開先
d　H 形開先

【109】安全率の定義はどれか。

a　基準強さ ÷ 許容応力
b　許容応力 ÷ 基準強さ
c　基準強さ ÷ 引張強さ
d　引張強さ ÷ 基準強さ

【110】せん断荷重に対する許容応力はどれか。

a　引張荷重に対する許容応力の約0.6倍
b　引張荷重に対する許容応力の約0.7倍

c　引張荷重に対する許容応力の約0.9倍
d　引張荷重に対する許容応力と同じ

次の設問【111】～【115】は，下図の溶接継手に引張荷重が作用する場合の許容最大荷重を算定する手順を示している。正しいものを１つ選び，マークシートの解答欄の該当箇所にマークせよ。ただし，許容引張応力は140 N/mm，許容せん断応力は80 N/mmとする。

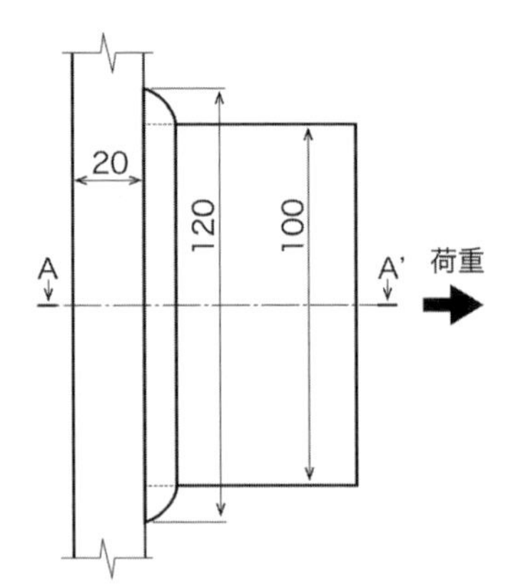

A-A' 断面

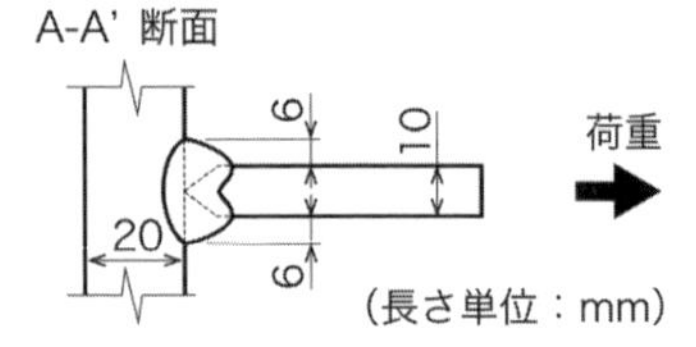

【111】溶接継手ののど厚はいくらか。

a　5 mm
b　10 mm
c　12 mm
d　20 mm

【112】有効溶接長さはいくらか。

a　100 mm
b　120 mm
c　200 mm
d　240 mm

【113】有効のど断面積はいくらか。

a　500 mm^2
b　1000 mm^2
c　1200 mm^2
d　1440 mm^2

【114】この継手の許容応力はいくらか。

a　80 N/mm^2
b　110 N/mm^2
c　140 N/mm^2
d　220 N/mm^2

【115】許容最大荷重はいくらか。

a　80 kN
b　96 kN
c　140 kN
d　168 kN

次の設問【116】～【120】は品質管理について述べている。正しいものを１つ選び，マークシートの解答欄の該当箇所にマークせよ。

【116】PDCAサイクル（サークル）を提唱したのは誰か。

a　ディロング
b　シェブロン
c　シェフラ
d　デミング

【117】設計，製造，検査，営業の各部門が集まって，設計の品質を検討する会議はどれか。

a　生産計画会議
b　設計図書出図会議
c　施工要領レビュー会議
d　デザインレビュー会議

【118】「金属材料の融接に関する品質要求事項」規格はどれか。

a　ISO 3834（JIS Z 3400）
b　ISO 9001（JIS Q 9001）
c　ISO 14001（JIS Q 14001）
d　ISO 14731（JIS Z 3410）

【119】「溶接管理-任務及び責任」規格はどれか。

a　ISO 3834（JIS Z 3400）
b　ISO 9001（JIS Q 9001）
c　ISO 14001（JIS Q 14001）
d　ISO 14731（JIS Z 3410）

【120】品質管理に用いられる図はどれか。

a　CCT 図
b　S-N 線図
c　ヒストグラム
d　状態図

次の設問【121】〜【125】は品質管理および生産性について述べている。正しいものを１つ選び，マークシートの解答欄の該当箇所にマークせよ。

【121】設計部門が決める品質はどれか。

a　設計の品質と，できばえの品質
b　設計の品質と，ねらいの品質
c　製造の品質と，できばえの品質
d　製造の品質と，ねらいの品質

【122】設計図書に最も関係するのはどれか。

a　トレーサビリティ
b　製造のばらつき
c　設備の承認
d　デザインレビュー

【123】工程能力はどれか。

a　量的能力
b　質的能力
c　販売能力
d　購入能力

【124】生産能力は工場能力を何％稼動させた時のものか。

a　50 %
b　70 %
c　80 %
d　100 %

【125】品質管理における欧米のアプローチの特徴はどれか。

a　ボトムアップ
b　根回し
c　供給者重視
d　契約

次の設問【126】～【130】は溶接管理技術者の任務について述べている。正しいものを1つ選び，マークシートの解答欄の該当箇所にマークせよ。

【126】材料管理に関わる任務はどれか。

a　溶接継手の非破壊検査
b　母材部の品質および合否判定基準の決定
c　パスごとの溶接金属表面の清掃
d　切断部材の識別管理

【127】生産計画の立案に関わる任務はどれか。

a　構造設計強度のレビュー
b　溶接順序の決定
c　溶接技能者の適格性確認
d　作業記録の作成

【128】溶接施工要領の策定において，製造品質面で考慮すべきものはどれか。

a　鋼材選定
b　立会検査員選定
c　溶接作業管理
d　溶接技能者育成計画

【129】試験・検査に関わる任務はどれか。

a　溶接継手位置の決定
b　溶接技能者の教育
c　溶接作業指示書の発行
d　溶接変形矯正方法の決定

【130】溶接結果の評価に関わる任務はどれか。

a　溶接補修の要否判断
b　溶接順序の決定
c　非破壊検査方法の立案
d　寸法記録の作成

次の設問【131】～【135】は溶接施工法について述べている。正しいものを1つ選び，マークシートの解答欄の該当箇所にマークせよ。

【131】pWPSはどれか。

a　承認前の溶接施工要領書
b　承認された溶接施工要領書
c　承認前の溶接施工法承認記録
d　承認された溶接施工法承認記録

【132】溶接施工要領書に記載すべきものはどれか。
　a　継手の種類
　b　試験片の採取要領
　c　非破壊試験要領
　d　溶接技能者名

【133】鋼の突合せ溶接（完全溶込み）の溶接施工法試験で必ず要求される試験はどれか。
　a　衝撃試験
　b　溶接金属引張試験
　c　継手引張試験
　d　疲労試験

【134】溶接施工法承認記録で承認されるのはどれか。
　a　溶接作業者
　b　鋼材の供給メーカ
　c　溶接姿勢
　d　溶接機の形式

【135】溶接確認項目（エッセンシャルバリアブル）とは何か。
　a　溶接に必要な技量資格
　b　客先承認項目
　c　溶接設計に必要な項目
　d　溶接継手の品質に影響を与える項目

次の設問【136】～【140】はガウジングについて述べている。正しいものを１つ選び，マークシートの解答欄の該当箇所にマークせよ。

【136】一般に，ガウジングによる裏はつりが必要な溶接はどれか。
　a　薄板突合せ継手の片側溶接
　b　中・厚板突合せ継手の片側溶接
　c　中・厚板突合せ継手の両側溶接
　d　重ね継手の両側溶接

【137】エアアークガウジングに使用される電極材料はどれか。
　a　炭素
　b　タングステン
　c　低合金鋼
　d　ハフニウム

【138】エアアークガウジングでノズルから噴出させる気体はどれか。
　a　酸素
　b　窒素
　c　水素
　d　空気

【139】エアアークガウジングを用いた裏はつりで，付着して溶接割れの原因となるのはどれか。
　a　プライマ
　b　炭素

c　油脂
d　タングステン

【140】ガスガウジングに比べた，エアアークガウジングの特長はどれか。

a　騒音が小さい
b　換気が不要
c　熱変形が少ない
d　防じんマスクの着用が不要

次の設問【141】～【145】はエンドタブについて述べている。正しいものを１つ選び，マークシートの解答欄の該当箇所にマークせよ。

【141】エンドタブを用いる主目的はどれか。

a　目違い防止
b　角変形防止
c　低温割れ防止
d　溶接欠陥防止

【142】20 mm厚鋼板の被覆アーク溶接における適切なエンドタブ長さはどれか。

a　30 mm～50 mm
b　40 mm～80 mm
c　100 mm～200 mm
d　200 mm～400 mm

【143】20 mm厚鋼板のガスシールドアーク溶接における適切なエンドタブ長さはどれか。

a　30 mm～50 mm
b　40 mm～80 mm
c　100 mm～200 mm
d　200 mm～400 mm

【144】突合せ溶接で用いられる鋼製エンドタブの材質はどれか。

a　材質は問わない
b　母材より高強度の材質
c　母材と同材質
d　母材より低強度の材質

【145】母材とエンドタブ間に隙間が存在することにより懸念されるのはどれか。

a　ぜい性破壊
b　延性破壊
c　座屈
d　クリープ破壊

次の設問【146】～【150】は予熱について述べている。正しいものを１つ選び，マークシートの解答欄の該当箇所にマークせよ。

【146】予熱に用いられていない方法はどれか。

a　ガス炎加熱
b　電気抵抗加熱
c　プラズマ加熱

d　炉中加熱

【147】25 mm厚鋼板の溶接で必要な予熱範囲はどれか。

a　開先内部のみ
b　開先を挟んで片側あたり20 mm～50 mm
c　開先を挟んで片側あたり50 mm～100 mm
d　開先を挟んで片側あたり100 mm～200 mm

【148】厚鋼板の予熱作業で正しいのはどれか。

a　目標温度に達したら加熱をやめる
b　目標温度に達した後も加熱作業を継続し，その温度を維持する
c　溶接が始まれば，開先部の温度が目標温度以下になってもよい
d　溶接を中断して再溶接する場合は予熱不要である

【149】予熱温度を高くすると鋼溶接熱影響部の最高硬さはどうなるか。

a　低くなる
b　変わらない
c　高くなる
d　低くなる場合と高くなる場合がある

【150】1.25Cr-0.5Mo鋼の適切な予熱およびパス間温度はどれか。

a　0 ℃～50 ℃
b　50 ℃～100 ℃
c　150℃～300 ℃
d　350 ℃～450 ℃

次の設問【151】～【155】は溶接後熱処理（PWHT）について述べている。正しいものを１つ選び，マークシートの解答欄の該当箇所にマークせよ。

【151】鋼のPWHTで効果がないのはどれか。

a　残留応力の緩和
b　溶接部のじん性向上
c　HAZ硬化部の軟化
d　継手引張強度の向上

【152】PWHTで防止できる割れはどれか。

a　応力腐食割れ（SCC）
b　梨形（ビード）割れ
c　ラメラテア
d　再熱割れ

【153】PWHT（JIS Z 3700）において，鋼材（母材）の種類により決まるのはどれか。

a　炉入れ・炉から取出し時の炉内温度
b　最小保持時間
c　保持時間中の被加熱部全体にわたる温度差
d　最低保持温度

【154】PWHT（JIS Z 3700）において，板厚により決まるのはどれか。

a　炉入れ・炉から取出し時の炉内温度
b　最小保持時間

c　保持時間中の被加熱部全体にわたる温度差
d　最低保持温度

【155】PWHTが通常要求されない材料はどれか。

a　炭素鋼
b　Cr-Mo鋼
c　3.5%Ni鋼
d　SUS304

次の設問【156】～【160】は溶接変形について述べている。正しいものを1つ選び，マークシートの解答欄の該当箇所にマークせよ。

【156】溶接変形低減に効果のある溶着法はどれか。

a　後退法
b　ブロック法
c　飛石法
d　カスケード法

【157】溶接後の角変形を小さくする方法はどれか。

a　カスケード法
b　バタリング法
c　飛石法
d　逆ひずみ法

【158】突合せ継手で横収縮を低減させる方法はどれか。

a　開先断面積を小さくする
b　開先角度を大きくする
c　目違い修正ピースを用いる
d　スカラップを用いる

【159】ストロングバックで低減できる溶接変形はどれか。

a　座屈変形
b　縦収縮
c　角変形
d　縦曲り変形

【160】溶接変形の矯正に用いられる方法はどれか。

a　溶接後熱処理（PWHT）
b　線状加熱
c　テンパビード法
d　直後熱

次の設問【161】～【165】は溶接割れについて述べている。正しいものを1つ選び，マークシートの解答欄の該当箇所にマークせよ。

【161】低温割れが最も発生しにくい溶接法はどれか。

a　スラグ系フラックス入りワイヤを用いたマグ溶接
b　ソリッドワイヤを用いたマグ溶接
c　高セルロース系溶接棒を用いた被覆アーク溶接

d　イルミナイト系溶接棒を用いた被覆アーク溶接

【162】梨形（ビード）割れの防止策として最も有効なのはどれか。

a　開先角度を小さくする
b　開先角度を大きくする
c　余盛を高くする
d　余盛を低くする

【163】梨形（ビード）割れの防止策として有効な溶接条件はどれか。

a　溶接電流を低くし，溶接速度を遅くする
b　溶接電流を低くし，溶接速度を速くする
c　溶接電流を高くし，溶接速度を遅くする
d　溶接電流を高くし，溶接速度を速くする

【164】ラメラテアが最も生じやすい継手はどれか。

a　薄板のＴ継手
b　厚板の十字継手
c　薄板の突合せ継手
d　厚板の突合せ継手

【165】再熱割れの防止策はどれか。

a　大入熱で溶接する
b　小入熱で溶接する
c　溶接後熱処理（PWHT）を行う
d　CrやMoを含む母材を選択する

次の設問【166】～【170】は溶接継手の非破壊試験方法について述べている。正しいものを１つ選び，マークシートの解答欄の該当箇所にマークせよ。

【166】アンダカットの深さの計測に適しているのはどれか。

a　放射線透過試験
b　超音波探傷試験
c　磁粉探傷試験
d　外観試験

【167】高張力鋼のジグ跡の微細な表面割れの検出に適しているのはどれか。

a　放射線透過試験
b　超音波探傷試験
c　磁粉探傷試験
d　外観試験

【168】タングステン巻込みの検出に適しているのはどれか。

a　放射線透過試験
b　超音波探傷試験
c　磁粉探傷試験
d　浸透探傷過試験

【169】開先面の融合不良の検出に適しているのはどれか。

a　放射線透過試験
b　超音波探傷試験

c　磁粉探傷試験
d　浸透探傷過試験

【170】アルミニウム合金溶接部の表面および内部のきずの検出に適した組合せはどれか。
a　放射線透過試験と超音波探傷試験
b　浸透探傷試験と放射線透過試験
c　浸透探傷試験と磁粉探傷試験
d　磁粉探傷試験と超音波探傷試験

次の設問【171】～【175】は溶接部表面の非破壊試験について述べている。正しいものを１つ選び，マークシートの解答欄の該当箇所にマークせよ。

【171】外観試験に用いない測定器はどれか。
a　溶接ゲージ
b　限界ゲージ
c　ダイアルゲージ
d　ひずみゲージ

【172】磁粉探傷試験において電磁石を用いて試験体を磁化する方法はどれか。
a　電磁誘導法
b　極間法
c　プロッド法
d　磁束貫通法

【173】磁粉探傷試験の特性で正しいのはどれか。
a　SUS304の検査に適用できる
b　高張力鋼の検査ではプロッド法が適用される
c　磁束の方向に直角なきずが検出できる
d　微細な欠陥の検出には非蛍光乾式磁粉が用いられる

【174】浸透探傷試験の特性で正しいのはどれか。
a　試験材料の温度の影響を受けない
b　表面粗さの影響を受けない
c　強磁性体のみに適用できる
d　非鉄金属にも適用できる

【175】速乾式現像法による溶剤除去性浸透探傷試験の手順はどれか。
a　前処理→浸透処理→除去処理→現像処理→観察
b　前処理→浸透処理→現像処理→除去処理→観察
c　前処理→除去処理→浸透処理→現像処理→観察
d　前処理→除去処理→現像処理→浸透処理→観察

次の設問【176】～【180】は溶接部の内部きずに対する非破壊試験について述べている。正しいものを１つ選び，マークシートの解答欄の該当箇所にマークせよ。

【176】放射線透過試験で検出困難な溶接欠陥はどれか。
a　ラメラテア
b　ブローホール
c　スラグ巻込み

d　溶込不良

【177】放射線透過試験で透過度計や階調計を使用する目的はどれか。

a　撮影フィルムの像質の確認
b　欠陥の種別の判定
c　照射時間の短縮
d　照射強度の増加

【178】超音波探傷試験の特性で正しいのはどれか。

a　きず種類の判別に適している
b　余盛の影響を受けない
c　深さ方向のきず位置の推定が可能である
d　表層部のきずの検査に適している

【179】超音波探傷試験の適用が困難な材料はどれか。

a　アルミニウム合金
b　高張力鋼
c　耐候性鋼
d　オーステナイト系ステンレス鋼

【180】放射線透過試験が超音波探傷試験よりも優れているのはどれか。

a　試験結果がすぐにわかる
b　作業の安全管理に注意する必要がない
c　試験装置が小型軽量である
d　きずの種類が判別しやすい

次の設問【181】～【185】は感電防止について述べている。正しいものを１つ選び，マークシートの解答欄の該当箇所にマークせよ。

【181】感電防止に有効な方法はどれか。

a　溶接電源の外箱を接地する
b　マグ溶接を被覆アーク溶接に変更する
c　定格出力の大きな溶接電源を用いる
d　溶接ケーブルを細いものに交換する

【182】電撃防止装置を使用している場合，溶接棒ホルダと母材間の電圧が最も高いものはどれか。

a　始動時間中の電圧
b　アークが発生している時の電圧
c　遅動時間中の電圧
d　遅動時間経過後の溶接棒が母材に接触していない時の電圧

【183】電撃防止装置の始動時間経過直後に溶接棒ホルダと母材間に生じる電圧はどれか。

a　安全電圧
b　アーク電圧
c　短絡電圧
d　溶接電源の無負荷電圧

【184】電撃防止装置の使用が義務付けられているのはどれか。

a　狭あい場所でのティグ溶接
b　狭あい場所での半自動マグ溶接
c　高所での交流アーク溶接
d　高所での半自動マグ溶接

【185】JIS C 9311「アーク溶接機用電撃防止装置」で規定されている安全電圧は何V以下か。
a　15 V
b　25 V
c　35 V
d　45 V

次の設問【186】～【190】は溶接作業時の安全衛生について述べている。正しいものを１つ選び，マークシートの解答欄の該当箇所にマークせよ。

【186】溶接電流が同じ場合，ヒューム発生量が最も多い溶接法はどれか。
a　ティグ溶接
b　マグ溶接
c　被覆アーク溶接
d　セルフシールドアーク溶接

【187】溶接電流が同じ場合，ヒューム発生量が最も少ない溶接法はどれか。
a　ティグ溶接
b　マグ溶接
c　被覆アーク溶接
d　セルフシールドアーク溶接

【188】溶接作業者に対するヒュームばく露対策で最も有効なのはどれか。
a　溶接作業場所の全体換気
b　局所排気装置の使用
c　被覆アーク溶接をマグ溶接に変更
d　電動ファン付き呼吸用保護具の使用

【189】酸素濃度が18％未満の場合，有効な呼吸用保護具はどれか。
a　半面形防じんマスク
b　全面形防じんマスク
c　送気マスク
d　電動ファン付き呼吸用保護具

【190】粉じん障害防止規則で規定されている粉じん作業に該当するのはどれか。
a　抵抗スポット溶接
b　拡散接合
c　摩擦攪拌接合
d　マグ溶接

次の設問【191】～【195】は切断の安全衛生について述べている。正しいものを一つ選び，マークシートの解答欄の該当箇所にマークせよ。

【191】ガス切断で，逆火が最も起こりやすい条件はどれか。
a　燃料ガスの噴出速度が燃焼速度より遅い場合

b　燃料ガスの噴出速度が燃焼速度より速い場合
c　切断酸素の噴出速度が燃焼速度より遅い場合
d　切断酸素の噴出速度が燃焼速度より速い場合

【192】12 mm厚の軟鋼を標準条件で切断する場合，騒音が最も大きいのはどれか。

a　レーザ切断
b　プラズマ切断
c　ガス切断
d　ウォータジェット切断

【193】プロパンと空気の混合物で，爆発下限界となるプロパン濃度（vol%）はどれか。

a　約1 %
b　約2 %
c　約10 %
d　約20 %

【194】空気と混合した時に，爆発限界濃度（vol%）の範囲が最も広いのはどれか。

a　水素
b　アセチレン
c　プロパン
d　天然ガス

【195】アセチレンのガス容器の識別色はどれか。

a　赤色
b　かっ色
c　ねずみ色
d　黒色

次の設問【196】～【200】は溶接作業時の安全衛生について述べている。正しいものを１つ選び，マークシートの解答欄の該当箇所にマークせよ。

【196】アーク光を直視したときの紫外線による障害はどれか。

a　電気性眼炎
b　網膜症
c　白内障
d　緑内障

【197】ファイバーレーザ光が目に入ったとき，最も起こりやすい障害はどれか。

a　電気性眼炎
b　網膜症
c　白内障
d　緑内障

【198】溶接電流が100 A～300 Aのガスシールドアーク溶接で，フィルタプレートの標準遮光度番号はどれか。

a　7～8
b　9～10
c　11～12
d　13～14

【199】溶接用保護面で防止できない障害はどれか。

a　電気性眼炎
b　金属熱
c　頭部の光線皮膚炎
d　頭部の火傷

【200】国家検定合格品を用いなければならいものはどれか。

a　溶接棒ホルダ
b　溶接用保護面
c　保護めがね
d　防じんマスク

●2022年6月5日出題　2級試験問題●
解答例

【1】b，【2】c，【3】b，【4】b，【5】d，【6】c，【7】b，【8】c，【9】c，【10】a，
【11】c，【12】b，【13】c，【14】b，【15】c，【16】a　【17】b，【18】a，【19】c，【20】d，
【21】d，【22】b，【23】c，【24】a，【25】b，【26】d，【27】b，【28】a，【29】c，【30】c，
【31】b，【32】a，【33】d，【34】c，【35】b，【36】b，【37】a，【38】c，【39】d，【40】a，
【41】a，【42】c，【43】c，【44】a，【45】d，【46】a，【47】c，【48】b，【49】d，【50】c，
【51】c，【52】a，【53】c，【54】d，【55】a，【56】b，【57】c，【58】d，【59】b，【60】a，
【61】c，【62】c，【63】c，【64】a，【65】b，【66】d，【67】a，【68】b，【69】c，【70】d，
【71】a，【72】a，【73】c，【74】b，【75】a，【76】a，【77】d，【78】a，【79】b，【80】b，
【81】b，【82】a，【83】b，【84】c，【85】d，【86】a，【87】b，【88】a，【89】d，【90】c，
【91】c，【92】c，【93】a，【94】d，【95】c，【96】d，【97】a，【98】c，【99】c，【100】b，
【101】b，【102】a，【103】d，【104】c，【105】d，【106】d，【107】b，【108】d，
【109】a，【110】a，【111】b，【112】a，【113】b，【114】c，【115】c，【116】d，
【117】d，【118】a，【119】d，【120】c，【121】b，【122】d，【123】b，【124】d，
【125】d，【126】d，【127】b，【128】c，【129】d，【130】a，【131】a，【132】a，
【133】c，【134】c，【135】d，【136】c，【137】a，【138】d，【139】b，【140】c，
【141】d，【142】a，【143】b，【144】c，【145】a，【146】c，【147】c，【148】b，
【149】a，【150】c，【151】d，【152】a，【153】d，【154】b，【155】d，【156】c，
【157】d，【158】a，【159】c，【160】b，【161】b，【162】b，【163】a，【164】b，
【165】b，【166】d，【167】c，【168】a，【169】b，【170】b，【171】d，【172】b，
【173】c，【174】d，【175】a，【176】a，【177】a，【178】c，【179】d，【180】d，
【181】a，【182】c，【183】d，【184】c，【185】b，【186】d，【187】a，【188】d，
【189】c，【190】d，【191】a，【192】b，【193】b，【194】b，【195】b，【196】a，
【197】b，【198】c，【199】b，【200】d，

●2021年11月７日出題●

２級試験問題

次の設問【１】～【５】は溶接法の分類について述べている。正しいものを１つ選び，マークシートの解答欄の該当箇所にマークせよ。

【１】記載したすべての溶接法が融接に分類されるのはどれか。
- a　アーク溶接，アプセット溶接，レーザ溶接
- b　アーク溶接，フラッシュ溶接，エレクトロスラグ溶接
- c　アーク溶接，ガス溶接，レーザ溶接
- d　エレクトロスラグ溶接，アプセット溶接，摩擦攪拌接合

【２】記載したすべての溶接法がアーク溶接に分類されるのはどれか。
- a　ガス溶接，被覆アーク溶接，マグ溶接
- b　ティグ溶接，マグ溶接，ミグ溶接
- c　サブマージアーク溶接，プラズマアーク溶接，テルミット溶接
- d　エレクトロスラグ溶接，エレクトロガスアーク溶接，アプセット溶接

【３】記載したすべての溶接法が抵抗溶接に分類されるのはどれか。
- a　抵抗スポット溶接，エレクトロスラグ溶接，拡散接合
- b　電子ビーム溶接，超音波圧接，摩擦攪拌接合
- c　抵抗スポット溶接，プロジェクション溶接，シーム溶接
- d　フラッシュ溶接，レーザ溶接，アークスタッド溶接

【４】非溶極（非消耗電極）式アーク溶接に分類されるのはどれか。
- a　ミグ溶接
- b　プラズマアーク溶接
- c　エレクトロガスアーク溶接
- d　サブマージアーク溶接

【５】溶極（消耗電極）式アーク溶接に分類されるのはどれか。
- a　マグ溶接
- b　ティグ溶接
- c　エレクトロスラグ溶接
- d　プラズマアーク溶接

次の設問【６】～【10】は溶接アークの特徴について述べている。正しいものを１つ選び，マークシートの解答欄の該当箇所にマークせよ。

【６】アークを維持する電流を発生するのはどれか。
- a　陰イオン
- b　陽イオン
- c　中性粒子
- d　電子

【7】アーク柱の最高温度はどれか。

a　1,000℃程度
b　5,000℃程度
c　10,000℃～30,000°C程度
d　500,000℃以上

【8】アークの性質についての正しい記述はどれか。

a　電子やイオンなどが混在した導電性ガスである
b　解離原子でできた非導電性ガスである
c　液体と気体の混合組成である
d　金属蒸気のみで構成されている

【9】アーク電圧を構成する組合せはどれか。

a　アーク柱電圧＋アーク長＋ケーブル降下電圧
b　アーク柱電圧＋陽極降下電圧＋陰極降下電圧
c　アーク長＋陽極降下電圧＋陰極降下電圧
d　ケーブル降下電圧＋陽極降下電圧＋陰極降下電圧

【10】溶接電流が一定の場合，アーク長が長くなるとアーク電圧はどうなるか。

a　増加する
b　減少する
c　増加する場合と，減少する場合がある
d　変化しない

次の設問【11】～【15】はパルスティグ溶接について述べている。正しいものを1つ選び，マークシートの解答欄の該当箇所にマークせよ。

【11】溶接電流の変化について正しい記述はどれか。

a　パルス電流と平均電流とを所定の期間で交互に繰返す
b　パルス電流と実効電流とを所定の期間で交互に繰返す
c　パルス電流とベース電流とを所定の期間で交互に繰返す
d　パルス電流とパルス期間とを所定の期間で交互に繰返す

【12】通電される大電流の名称はどれか。

a　パルス電流
b　ベース電流
c　平均電流
d　実効電流

【13】小電流を通電する期間の名称はどれか。

a　パルス期間
b　ベース期間
c　低周波期間
d　アーク期間

【14】ビード形成に効果的な入熱制御があるのはどれか。

a　高周波パルス溶接
b　中周波パルス溶接

c　低周波パルス溶接
d　電磁波パルス溶接

【15】中周波パルスティグ溶接の周波数はどれか。

a　10Hz未満
b　10～50Hz
c　100～500Hz
d　1,000Hz以上

次の設問【16】～【20】はマグ溶接でのワイヤ溶融について述べている。正しいものを１つ選び，マークシートの解答欄の該当箇所にマークせよ。

【16】マグ溶接のワイヤ溶融に寄与する熱はどれか。

a　ワイヤ径が細い場合は抵抗発熱のみ
b　ワイヤ径が太い場合はアーク熱のみ
c　ワイヤ径にかかわらずアーク熱のみ
d　ワイヤ径にかかわらずアーク熱とワイヤ突出し部での抵抗発熱の両者

【17】アーク熱によるワイヤ溶融について正しいのはどれか。

a　アーク電圧に比例する
b　アーク電圧の二乗に比例する
c　溶接電流に比例する
d　溶接電流の二乗に比例する

【18】ワイヤ突出し部で発生する熱について正しいのはどれか。

a　アーク電圧に比例する
b　アーク電圧の二乗に比例する
c　溶接電流に比例する
d　溶接電流の二乗に比例する

【19】ワイヤ突出し部で発生する熱に影響するのはどれか。

a　ワイヤ径のみ
b　ワイヤ突出し長さのみ
c　ワイヤ径とワイヤ突出し長さ
d　ワイヤ突出し長さとシールドガス流量

【20】ワイヤ送給（供給）速度を速くするとどうなるか。

a　溶接電流が増加する
b　溶接電流は変化しない
c　溶接電流が減少する
d　アーク電圧が増加する

次の設問【21】～【25】はマグ溶接について述べている。正しいものを１つ選び，マークシートの解答欄の該当箇所にマークせよ。

【21】直流溶接で溶接トーチケーブルを接続する電源端子はどれか。

a　電源に設けたアース端子
b　プラス側出力端子

c　マイナス側出力端子
d　プラス側かマイナス側かのどちらの出力端子でもよい

【22】電流調整つまみを操作して変化させるのは何か。

a　ワイヤ送給速度
b　入力電流
c　入力電圧
d　出力電圧

【23】電圧調整つまみを操作して変化させるのは何か。

a　入力電圧
b　入力電流
c　出力電圧
d　無負荷電圧

【24】溶接ワイヤの送給が高速になる理由はどれか。

a　電気伝導度が高い
b　熱伝導度が高い
c　電流密度が高い
d　電位傾度が高い

【25】アンダカットやハンピングが発生しやすい溶接条件はどれか。

a　溶接電流が小さく，溶接速度が遅い場合
b　溶接電流が小さく，溶接速度が速い場合
c　溶接電流が大きく，溶接速度が遅い場合
d　溶接電流が大きく，溶接速度が速い場合

次の設問【26】～【30】は母材の材質と溶接電源の特性および極性の組合せについて述べている。正しいものを１つ選び，マークシートの解答欄の該当箇所にマークせよ。

【26】炭素鋼を被覆アーク溶接する場合，一般に用いる溶接電源の特性と極性の組合せはどれか。

a　定電圧特性と直流・電極プラス（＋）
b　定電圧特性と直流・電極マイナス（－）
c　定電圧特性と交流
d　垂下特性と交流

【27】炭素鋼をマグ溶接する場合，一般に用いる溶接電源の特性と極性の組合せはどれか。

a　定電圧特性と直流・電極プラス（＋）
b　定電圧特性と直流・電極マイナス（－）
c　上昇特性と交流
d　垂下特性と交流

【28】ステンレス鋼をマグ溶接する場合，一般に用いる溶接電源の特性と極性の組合せはどれか。

a　定電圧特性と直流・電極プラス（＋）
b　定電圧特性と直流・電極マイナス（－）

c　定電流（垂下）特性と直流・電極プラス（＋）
d　定電流（垂下）特性と直流・電極マイナス（－）

【29】ステンレス鋼をティグ溶接する場合，一般に用いる溶接電源の特性と極性の組合せはどれか。

a　定電圧特性と直流・電極プラス（＋）
b　定電圧特性と直流・電極マイナス（－）
c　定電流（垂下）特性と直流・電極プラス（＋）
d　定電流（垂下）特性と直流・電極マイナス（－）

【30】アルミニウム合金をティグ溶接する場合，一般に用いる溶接電源の特性と極性の組合せはどれか。

a　定電流（垂下）特性と直流・電極プラス（＋）
b　定電流（垂下）特性と直流・電極マイナス（－）
c　定電流（垂下）特性と交流
d　定電圧特性と直流・電極プラス（＋）

次の設問【31】～【35】は溶接ロボットについて述べている。正しいものを１つ選び，マークシートの解答欄の該当箇所にマークせよ。

【31】アーク溶接で最も多く用いられているロボットの動作機構はどれか。

a　直角座標形
b　極座標形
c　多関節形
d　パラレルリンク形

【32】ロボットにあらかじめその動作や溶接条件などを教える作業はどれか。

a　ウィービング
b　ガウジング
c　ティーチング
d　CAM/CIM

【33】ロボットと切り離したコンピュータの画面上のシミュレーションで，ロボットの動作や溶接条件などの制御情報を作成する作業はどれか。

a　オンラインコントロール
b　オンラインティーチング
c　オフラインティーチング
d　オフラインコントロール

【34】アーク溶接ロボットに多用されている溶接法はどれか。

a　サブマージアーク溶接
b　マグ溶接
c　エレクトロスラグ溶接
d　被覆アーク溶接

【35】アーク溶接ロボットに多用されているセンサはどれか。

a　ワイヤタッチセンサ
b　加速度センサ
c　重力センサ

d　温度センサ

次の設問【36】～【40】は切断について述べている。正しいものを1つ選び，マークシートの解答欄の該当箇所にマークせよ。

【36】ガス切断の主たるエネルギー源はどれか。
a　酸素とアセチレンの化学反応熱
b　酸素と鉄の化学反応熱
c　アセチレンと鉄の化学反応熱
d　酸素とアセチレンの運動エネルギー

【37】プラズマ切断時の作動ガス（プラズマガス）にアルゴンを用いる場合の電極材料はどれか。
a　銅
b　タングステン
c　ハフニウム
d　チタン

【38】プラズマ切断時の作動ガス（プラズマガス）に空気を用いる場合の電極材料はどれか。
a　銅
b　タングステン
c　ハフニウム
d　チタン

【39】光学的エネルギーを用いる切断法はどれか。
a　パウダ切断
b　プラズマ切断
c　レーザ切断
d　ウォータジェット切断

【40】力学的エネルギーを用いる切断法はどれか。
a　パウダ切断
b　プラズマ切断
c　レーザ切断
d　ウォータジェット切断

次の設問【41】～【45】は下図に示した鉄－炭素状態図について述べている。正しいものを1つ選び，マークシートの解答欄の該当箇所にマークせよ。

【41】状態図中のαは何とよばれるか。
a　フェライト
b　パーライト
c　オーステナイト
d　マルテンサイト

【42】状態図中のγは何とよばれるか。
a　フェライト

b　パーライト
c　オーステナイト
d　マルテンサイト

【43】αに含有できる最大の炭素濃度はどれか。

a　0.02%
b　0.09%
c　0.17%
d　0.77%

【44】0.2%炭素鋼を750℃に加熱保持したとき，存在する相はどれか。

a　フェライトとパーライト
b　フェライトとマルテンサイト
c　フェライトとオーステナイト
d　オーステナイトとマルテンサイト

【45】0.2%炭素鋼を溶融状態から徐冷したとき，Fe_3Cが析出する温度はどれか。

a　1494℃
b　1148℃
c　912℃
d　727℃

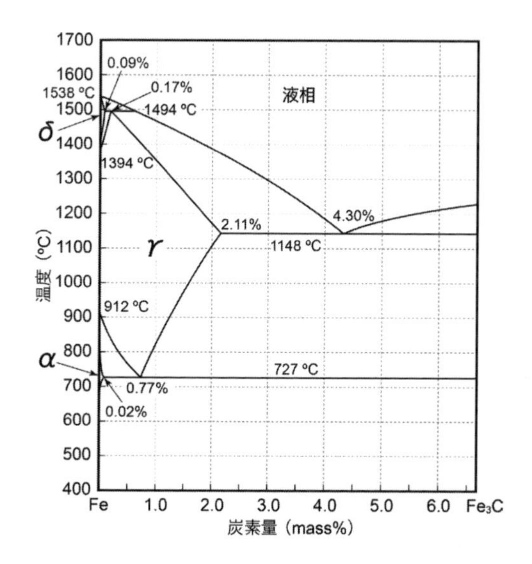

次の設問【46】～【50】は鋼の熱処理について述べている。正しいものを１つ選び，マークシートの解答欄の該当箇所にマークせよ。

【46】焼なまし処理した低炭素鋼の室温組織はどれか。

a　マルテンサイト
b　オーステナイトとパーライト

c　フェライトとパーライト
d　オーステナイトとフェライト

【47】炭素鋼をオーステナイト温度域から水冷したときの室温組織はどれか。

a　マルテンサイト
b　オーステナイトとパーライト
c　フェライトとパーライト
d　オーステナイトとフェライト

【48】オーステナイト温度域まで加熱した後，水冷する熱処理の目的はどれか。

a　硬さや強度を増すため
b　硬さを低下させ，延性を向上させるため
c　組織を微細化するため
d　じん性を向上させるため

【49】焼戻しとは，どのような熱処理か。

a　硬さや強度を増すため，オーステナイト温度域から急冷する処理
b　軟化などを目的に，オーステナイト温度域から炉中で徐冷する処理
c　組織を微細化するために，オーステナイト温度域から空冷する処理
d　600℃程度の温度に再加熱した後，空冷する処理

【50】焼ならしとは，どのような熱処理か。

a　硬さや強度を増すため，オーステナイト温度域から急冷する処理
b　軟化などを目的に，オーステナイト温度域から炉中で徐冷する処理
c　組織を微細化するために，オーステナイト温度域から空冷する処理
d　600℃程度の温度に再加熱した後，空冷する処理

次の設問【51】～【55】は鋼材規格について述べている。正しいものを１つ選び，マークシートの解答欄の該当箇所にマークせよ。

【51】一般構造用圧延鋼材SS400で化学成分が規定されている元素はどれか。

a　C
b　Si
c　Mn
d　S

【52】溶接構造用圧延鋼材SM400AにはなくてSM400BとSM400Cに規定されているのはどれか。

a　引張強さ
b　降伏点または耐力
c　シャルピー吸収エネルギー
d　疲れ強さ

【53】建築構造用圧延鋼材SN400AにはなくてSN400BとSN400Cに規定されているのはどれか。

a　硬さ
b　引張強さ
c　C量

d　P_{CM}

【54】建築構造用圧延鋼材SN400Cに規定されている降伏比はいくらか。

a　0.8以下
b　0.8以上
c　0.9以下
d　0.9以上

【55】建築構造用圧延鋼材SN400Cで耐ラメラテアのために規定されている元素はどれか。

a　C
b　N
c　P
d　S

次の設問【56】～【60】は高張力鋼について述べている。正しいものを１つ選び，マークシートの解答欄の該当箇所にマークせよ。

【56】一般に，引張強さがいくら以上の鋼を高張力鋼とよぶか。

a　350N/mm^{2}以上
b　490N/mm^{2}以上
c　570N/mm^{2}以上
d　780N/mm^{2}以上

【57】調質高張力鋼の熱処理はどれか。

a　焼ならし
b　焼なまし
c　焼ならし＋焼戻し
d　焼入れ＋焼戻し

【58】調質高張力鋼の溶接後熱処理（PWHT）における上限温度はどれか。

a　焼入温度
b　焼戻温度
c　焼ならし温度
d　焼なまし温度

【59】TMCP鋼の製造法はどれか。

a　調質処理
b　熱間圧延
c　冷間圧延
d　熱加工制御圧延

【60】TMCP鋼が同じ強度レベルの非調質高張力鋼と比較して特に優れている特性はどれか。

a　耐高温割れ性
b　耐低温割れ性
c　耐クリープ特性
d　耐ラメラテア性

次の設問【61】～【65】は下図（模式図）に示した炭素鋼溶接熱影響部について述べている。正しいものを１つ選び，マークシートの解答欄の該当箇所にマークせよ。

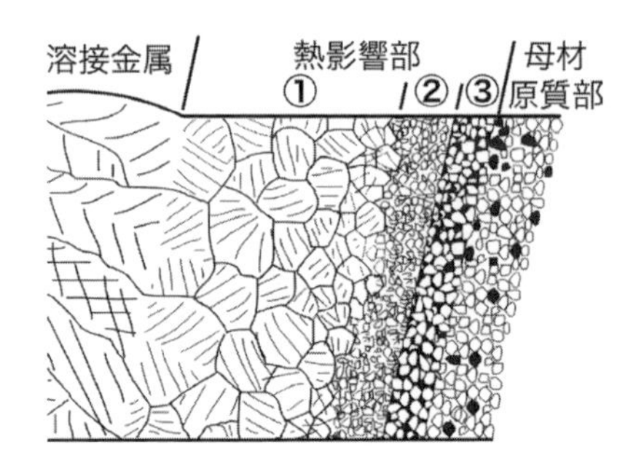

【61】溶接熱影響部①の特徴はどれか。

a　ぜい化や硬化しやすく，割れなどを生じやすい
b　再結晶が生じ，じん性などの機械的性質が良好である
c　部分的にオーステナイトに変態した領域で，しばしば島状マルテンサイトを生じて，じん性が劣化しやすい
d　ミクロ組織には変化がないが，ひずみ時効によりぜい化する場合がある

【62】溶接熱影響部②の特徴はどれか。

a　ぜい化や硬化しやすく，割れなどを生じやすい
b　再結晶が生じ，じん性などの機械的性質が良好である
c　部分的にオーステナイトに変態した領域で，しばしば島状マルテンサイトを生じて，じん性が劣化しやすい
d　ミクロ組織には変化がないが，ひずみ時効によりぜい化する場合がある

【63】溶接熱影響部③の特徴はどれか。

a　ぜい化や硬化しやすく，割れなどを生じやすい
b　再結晶が生じ，じん性などの機械的性質が良好である
c　部分的にオーステナイトに変態した領域で，しばしば島状マルテンサイトを生じて，じん性が劣化しやすい
d　ミクロ組織には変化がないが，ひずみ時効によりぜい化する場合がある

【64】炭素鋼の溶接熱影響部の結晶粒粗大化防止に有効な方法はどれか。

a　溶接入熱を下げる
b　パス間温度を上げる
c　予熱温度を上げる
d　PWHTを行う

【65】炭素当量により推定できる溶接熱影響部の特性はどれか。

a　結晶粒度
b　延性
c　耐食性
d　最高硬さ

次の設問【66】～【70】は下図に示すSM490鋼の低温割れと予熱温度について述べている。正しいものを1つ選び，マークシートの解答欄の該当箇所にマークせよ。

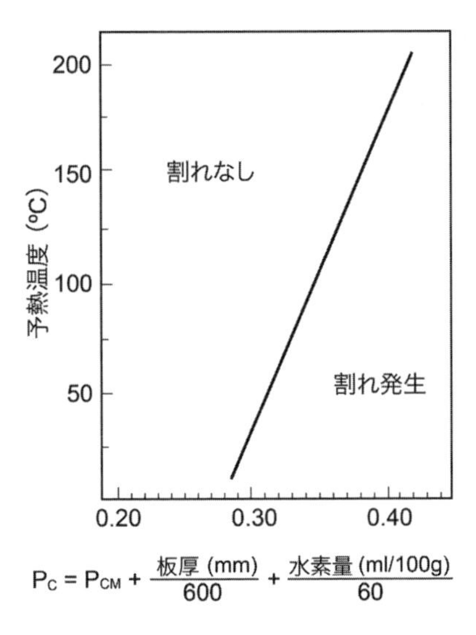

$$P_C = P_{CM} + \frac{\text{板厚 (mm)}}{600} + \frac{\text{水素量 (ml/100g)}}{60}$$

【66】低温割れの発生について正しいのはどれか。

a　溶接中に生じる
b　溶接後，数分～数日たってから生じる
c　溶接後，１年以上たってから生じる
d　溶接後熱処理により生じる

【67】図の横軸に示した式中のP_{CM}は何とよばれるか。

a　化学当量
b　クロム当量
c　孔食指数
d　溶接割れ感受性組成

【68】$P_{CM}=0.21$の板厚36mmの鋼材を用いて，溶着金属の水素量2.4ml/100gの溶接棒による被覆アーク溶接を行う場合，低温割れを防止する最低予熱温度は約何℃程度か。

a　50℃
b　100℃
c　150℃
d　200℃

【69】$P_{CM}=0.25$の鋼板を溶着金属の水素量1.2ml/100gの溶接棒を用いて予熱せずに室温（25℃）で溶接したい。低温割れを発生させない最大板厚は約何mmか。

a　6mm
b　12mm
c　18mm
d　24mm

【70】予熱を行うと低温割れが防止できるのはなぜか。

a　冷却速度が遅くなり，溶接部の硬化と拡散性水素量を抑制できるため
b　溶込みが浅くなり，溶接部の軟化と結晶粒粗大化を促進できるため
c　シールド不良が抑制され，酸素および窒素量が低減できるため
d　不純物元素の偏析が抑制され，炭化物の析出が防止できるため

次の設問【71】～【75】は溶接材料について述べている。正しいものを１つ選び，マークシートの解答欄の該当箇所にマークせよ。

【71】被覆アーク溶接棒の種類のうち，主として高張力鋼に用いられるものはどれか。

a　イルミナイト系
b　セルロース系
c　高酸化チタン系
d　低水素系

【72】イルミナイト系溶接棒の特徴はどれか。

a　溶込みが浅く，薄板溶接用として優れている
b　300～400℃に乾燥しても作業性が変わらない
c　水素量が低い
d　溶込みが深く，ブローホールの発生も少ない

【73】高酸化チタン系溶接棒の特徴はどれか。

a　溶込みが浅く，薄板溶接用として優れている
b　300～400℃に乾燥しても作業性が変わらない
c　水素量が低い
d　溶込みが深く，ブローホールの発生も少ない

【74】マグ溶接用ソリッドワイヤで，被覆アーク溶接棒の心線と比較して，添加量が多い元素はどれか。

a　SiとMn
b　SiとNi
c　MnとS
d　PとS

【75】100％炭酸ガスを用いるマグ溶接で使用されるワイヤはどれか。

a　YGW11
b　YGW15
c　E4313
d　T490T1-1MA

次の設問【76】～【80】はステンレス鋼について述べている。正しいものを１つ選び，マークシートの解答欄の該当箇所にマークせよ。

【76】オーステナイト系ステンレス鋼はどれか。

a　SUS410
b　SUS430
c　SUS304
d　SUS329J3L

【77】フェライト系ステンレス鋼はどれか。

a　SUS410
b　SUS430
c　SUS304
d　SUS329J3L

【78】二相系ステンレス鋼はどれか。

a　SUS410
b　SUS430
c　SUS304
d　SUS329J3L

【79】熱膨張係数が最も大きいステンレス鋼はどれか。

a　オーステナイト系ステンレス鋼
b　フェライト系ステンレス鋼
c　二相系ステンレス鋼
d　マルテンサイト系ステンレス鋼

【80】ステンレス鋼が優れた耐食性を示す主なメカニズムはどれか。

a　不純物元素（PおよびS）による低融点液膜の形成
b　クロム炭化物の粒界析出
c　不動態皮膜（クロム酸化物）の形成
d　σ（シグマ）相の析出

次の設問【81】～【85】はステンレス鋼の溶接性について述べている。正しいものを１つ選び，マークシートの解答欄の該当箇所にマークせよ。

【81】オーステナイト系ステンレス鋼の溶接で生じやすい割れはどれか。

a　高温割れ
b　ラメラテア
c　ビード下割れ
d　低温割れ

【82】前問【81】の割れの防止策はどれか。

a　拡散性水素量の低減
b　予熱の実施
c　フェライトを適量含む溶接金属とする
d　600～650℃での溶接後熱処理の実施

【83】オーステナイト系ステンレス鋼溶接熱影響部の粒界腐食防止策はどれか。

a　拡散性水素量の低減
b　予熱の実施
c　600～650℃での溶接後熱処理の実施
d　低炭素ステンレス鋼の採用

【84】フェライト系ステンレス鋼溶接部に発生しやすい問題はどれか。

a　応力腐食割れの発生
b　じん性の低下

c　オーステナイト相の増加
d　ラメラテアの発生

【85】二相系ステンレス鋼溶接部に発生しやすい問題はどれか。
a　応力腐食割れの発生
b　凝固割れの発生
c　フェライト相の増加による耐食性低下
d　強度低下

次の設問【86】～【90】は材料力学の基礎について述べている。正しいものを1つ選び，マークシートの解答欄の該当箇所にマークせよ。

【86】弾性変形において，応力を表すのはどれか。
a　弾性率×ひずみ
b　弾性率÷ひずみ
c　継手効率×ひずみ
d　継手効率÷ひずみ

【87】片持ちはり先端におもりをぶら下げた場合，「おもりの重力×おもりまでの距離」で定義される力学量はどれか。
a　内力
b　外力
c　モーメント
d　せん断力

【88】片持ちはり先端におもりをぶら下げた場合，はり断面に発生する鉛直方向の力を何というか。
a　内力
b　外力
c　モーメント
d　せん断力

【89】内力を，それが働く断面積で除した力学量を何というか。
a　張力
b　反力
c　応力
d　斥力

【90】長さl_0の棒が変形して長さlになった場合，ひずみはどのように定義されるか。
a　$l/(l-l_0)$
b　$l_0/(l-l_0)$
c　$(l-l_0)/l_0$
d　$(l-l_0)/l$

次の設問【91】～【95】は軟鋼と高張力鋼の力学的特性を比較している。正しいものを1つ選び，マークシートの解答欄の該当箇所にマークせよ。

【91】降伏点（または耐力）は，どちらが大きいか。
a　軟鋼の方が大きい

b　高張力鋼の方が大きい
c　両鋼でほとんど同じである
d　高張力鋼の種類によって，どちらともいえない

【92】ヤング率（縦弾性係数）は，どちらが大きいか。
a　軟鋼の方が大きい
b　高張力鋼の方が大きい
c　両鋼でほとんど同じである
d　高張力鋼の種類によって，どちらともいえない

【93】降伏比は，どちらが大きいか。
a　軟鋼の方が大きい
b　高張力鋼の方が大きい
c　両鋼でほとんど同じである
d　高張力鋼の種類によって，どちらともいえない

【94】均一伸び（一様伸び）は，どちらが大きいか。
a　軟鋼の方が大きい
b　高張力鋼の方が大きい
c　両鋼でほとんど同じである
d　高張力鋼の種類によって，どちらともいえない

【95】破断伸びは，どちらが大きいか。
a　軟鋼の方が大きい
b　高張力鋼の方が大きい
c　両鋼でほとんど同じである
d　高張力鋼の種類によって，どちらともいえない

次の設問【96】～【100】は溶接変形および残留応力について述べている。正しいものを１つ選び，マークシートの解答欄の該当箇所にマークせよ。

【96】軟鋼突合せ継手の溶接線方向の残留応力は，継手中央部でどの程度の大きさか。
a　降伏応力
b　引張強さ
c　降伏応力の2倍
d　ゼロ

【97】軟鋼突合せ継手の溶接線方向の残留応力は，継手端面でどの程度の大きさか。
a　降伏応力
b　引張強さ
c　降伏応力の2倍
d　ゼロ

【98】突合せ溶接継手の，溶接線直角方向に生じる溶接変形はどれか。
a　回転変形
b　縦収縮
c　横収縮
d　角変形

【99】突合せ溶接継手の，板表面と裏面の収縮量の差で生じる溶接変形はどれか。

a　回転変形
b　縦収縮
c　横収縮
d　角変形

【100】引張残留応力の影響で低下するのはどれか。

a　疲れ強さ
b　引張強さ
c　座屈強さ
d　クリープ強さ

次の設問【101】～【105】はJIS Z 3021溶接記号について述べている。正しいものを1つ選び，マークシートの解答欄の該当箇所にマークせよ。

【101】図Aの溶接記号で表される開先形状はどれか（第3角法による）。

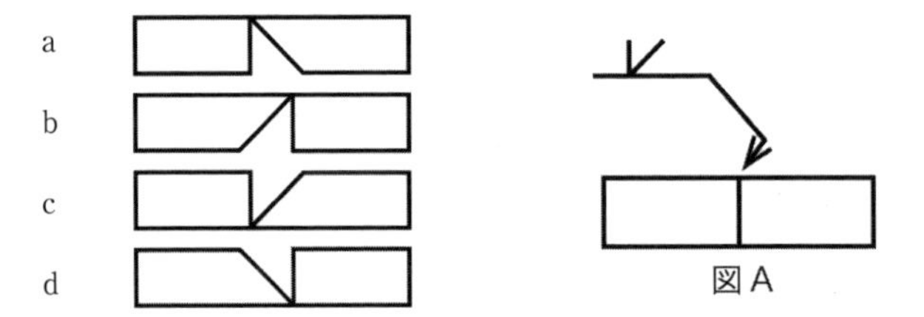

図A

【102】図Bのすみ肉溶接継手の溶接記号はどれか（第3角法による）。

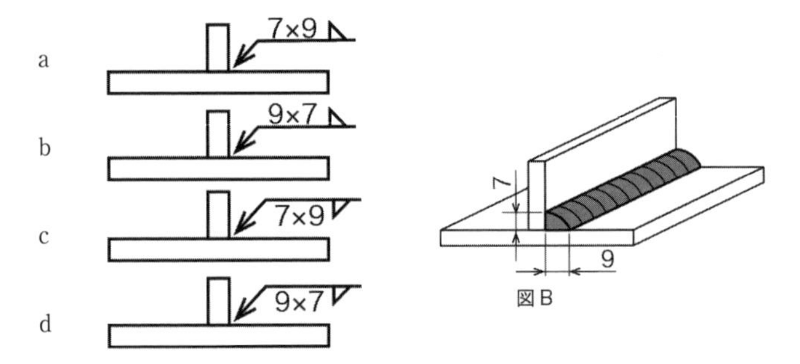

図B

【103】現場溶接を表す溶接記号はどれか。

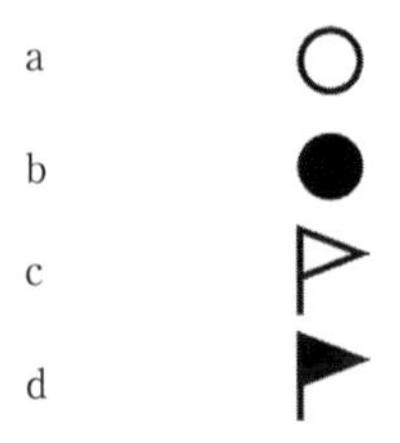

【104】全周溶接はどのように表示するか。

a　矢の先端に○をつける
b　矢と基線の交点に○をつける
c　基線と尾の交点に○をつける
d　尾の部分に○をつける

【105】溶接部を切削仕上げする場合の溶接記号はどれか。

a　C
b　G
c　M
d　P

次の設問【106】～【110】は溶接継手設計について述べている。正しいものを１つ選び，マークシートの解答欄の該当箇所にマークせよ。

【106】許容応力の定義はどれか。

a　基準強さ÷安全率
b　基準強さ×安全率
c　引張強さ÷安全率
d　引張強さ×安全率

【107】完全溶込み溶接継手の許容応力はどれか。

a　母材の許容応力
b　溶接金属の許容応力
c　母材と溶接金属の許容応力の平均値
d　母材の許容応力の0.7倍

【108】繰返し荷重を受ける溶接継手の許容応力で正しいのはどれか。

a　静的許容応力よりも小さい
b　静的許容応力と同じ
c　静的許容応力よりも大きい
d　継手形式によって静的許容応力より大きい場合と小さい場合がある

【109】鋼板突合せ溶接継手の開先形状を決定する際に，最も考慮すべき項目はどれか。

a　鋼板の強度
b　鋼板のじん性
c　鋼板のコスト
d　鋼板の厚さ

【110】板厚が異なる平板の完全溶込み突合せ溶接継手で，強度計算に用いるのど厚はどれか。

a　両板厚の差
b　両板厚の平均値
c　薄い方の板厚
d　厚い方の板厚

次の設問【111】～【115】は，図のような鋼管にスリットを切って鋼板を差し込んで溶接した継手に，引張荷重Pが作用する場合の許容最大荷重を算定する手順を記している。次の設問において，正しいものを１つ選び，マークシートの解答欄の該当箇所にマークせよ。ただし，許容引張応力は140N/mm^2，許容せん断応力は80N/mm^{2}で，$1/\sqrt{2}$=0.7とする。

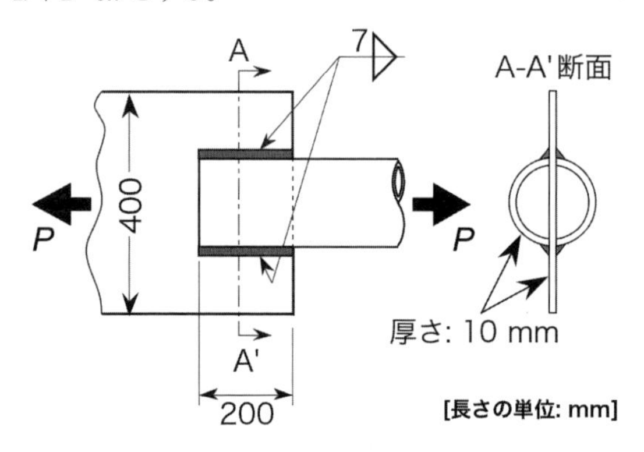

【111】のど厚は何mmか。

a　約5mm
b　約7mm
c　約10mm
d　約15mm

【112】溶接長さをそのまま有効溶接長さとすると，強度計算に用いる全有効溶接長さは何mmか。

a　200mm
b　400mm
c　600mm
d　800mm

【113】有効のど断面積は何mm^{2}か。

a　約2,000mm^2
b　約4,000mm^2
c　約5,600mm^2
d　約8,000mm^2

【114】この継手の許容応力は何N/mm^{2}か。

a　80N/mm^2
b　110N/mm^2
c　140N/mm^2
d　220N/mm^2

【115】許容最大荷重はいくらか。

a　約160kN
b　約280kN
c　約320kN
d　約560kN

次の設問【116】～【120】は品質および品質管理について述べている。正しいものを１つ選び，マークシートの解答欄の該当箇所にマークせよ。

【116】品質管理活動はどれか。
a　目標とする品質を設定する活動
b　製品の性能を向上させる活動
c　顧客の要求を調査する活動
d　要求品質を満たすための活動

【117】テクニカルレビュー(デザインレビュー)，溶接施工，非破壊検査結果などを記録した文書はどれか。
a　品質マニュアル
b　品質記録
c　溶接施工要領書
d　検査要領書

【118】ISO3834（JIS Z 3400）は何を定めた規格か。
a　品質マネジメントシステムー要求事項
b　溶接管理－任務及び責任
c　溶接の品質要求事項（金属材料の融接に関する品質要求事項）
d　金属材料の溶接施工要領及びその承認－一般原則

【119】ISO 9001（JIS Q 9001）は何を定めた規格か。
a　品質マネジメントシステムー要求事項
b　溶接管理ー任務及び責任
c　溶接の品質要求事項（金属材料の融接に関する品質要求事項）
d　環境マネジメントシステムー要求事項及び利用の手引

【120】溶接の妥当性再確認に関するものはどれか。
a　非破壊試験成績書の保管
b　作業指示書の作成
c　製造時溶接試験の実施
d　溶接技能者の資格認証

次の設問【121】～【125】は品質および生産性について述べている。正しいものを１つ選び，マークシートの解答欄の該当箇所にマークせよ。

【121】品質方針を設定するのは誰か。
a　顧客
b　トップマネジメント
c　中間管理者
d　溶接管理技術者

【122】設計図書に最も関係するのはどれか。
a　トレーサビリティ
b　製造のばらつき
c　設備の承認
d　デザインレビュー

【123】工程能力はどれか。

a　量的能力
b　質的能力
c　販売能力
d　購入能力

【124】生産性を示すのはどれか。

a　総コスト÷溶接機台数
b　材料重量÷溶接機台数
c　設備費÷労働時間
d　産出（アウトプット）÷投入（インプット）

【125】溶接生産性を示すのはどれか。

a　工場労働者数÷溶接機台数
b　加工鋼材重量÷溶接作業時間
c　総コスト÷総労働時間
d　溶接材料費÷溶接作業時間

次の設問【126】～【130】は溶接施工について述べている。正しいものを1つ選び，マークシートの解答欄の該当箇所にマークせよ。

【126】pWPSはどれか。

a　承認前の溶接施工要領書
b　承認された溶接施工要領書
c　承認前の溶接施工法承認記録
d　承認された溶接施工法承認記録

【127】WPQT（WPT）はどれか。

a　溶接施工法試験
b　溶接施工法承認記録
c　溶接施工要領書
d　溶接検査要領書

【128】標準化された試験材の溶接および試験による溶接施工要領の承認方法はどれか。

a　製造前溶接試験による承認
b　溶接施工法試験による承認
c　承認された溶接材料の使用による承認
d　過去の溶接実績による承認

【129】溶接施工法承認記録で承認されるのはどれか。

a　溶接作業者
b　鋼材の供給メーカ
c　溶接姿勢
d　溶接機の形式

【130】マグ溶接で溶接施工法承認を取得した場合，承認される溶接法はどれか。

a　マグ溶接と被覆アーク溶接
b　マグ溶接とミグ溶接
c　マグ溶接とティグ溶接

d　マグ溶接のみ

次の設問【131】～【135】は溶接に使われる用語について述べている。正しいものを１つ選び，マークシートの解答欄の該当箇所にマークせよ。

【131】溶着速度を示すのはどれか。

a　単位時間当りの溶着金属量
b　単位時間当りの溶接材料の溶融量
c　単位時間当りの溶接長
d　継手の単位長さ当りの溶接材料消耗量

【132】アークタイム率を示すのはどれか。

a　アークが出ている時間÷設計時間
b　アークが出ている時間÷検査時間
c　アークが出ている時間÷労働時間
d　アークが出ている時間÷溶接作業時間

【133】溶接機の負荷率を示すのはどれか。

a　アーク発生時間の合計÷全作業時間
b　パルス時間÷パルス周期
c　溶接入熱÷投入電力
d　実作業での平均溶接電流÷定格出力電流

【134】溶接入熱の計算式に用いるのはどれか。

a　（溶接電流×溶接速度）÷アーク電圧
b　（溶接電流×溶接速度）÷板厚
c　（溶接電流×アーク電圧）÷溶接速度
d　（溶接電流×アーク電圧）÷板厚

【135】溶込み率（希釈率）を示すのはどれか。

a　余盛部断面積Ａ÷溶込み部断面積Ｂ
b　余盛部断面積Ａ÷溶接金属部断面積（Ａ＋Ｂ）
c　溶込み部断面積Ｂ÷溶接金属部断面積（Ａ＋Ｂ）
d　溶込み部断面積Ｂ÷余盛部断面積Ａ

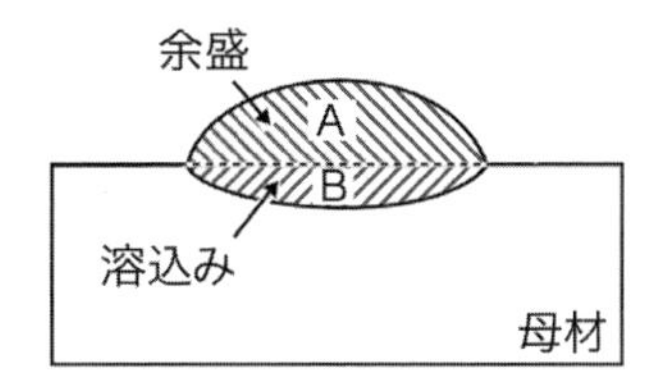

次の設問【136】～【140】は加工について述べている。正しいものを１つ選び，マークシートの解答欄の該当箇所にマークせよ。

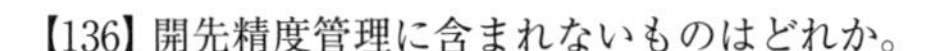
【136】開先精度管理に含まれないものはどれか。

a　目違い
b　ルート面
c　角変形
d　開先角度

【137】Ｕ開先の加工に用いられる方法はどれか。

a　プラズマ切断
b　機械切削
c　ウォータジェット切断
d　レーザ切断

【138】冷間加工で注意すべきことはどれか。

a　じん性の劣化
b　静的強度の低下
c　結晶粒の粗大化
d　高温割れ感受性の増大

【139】780N/mm^{2}級高張力鋼の場合，冷間加工度の限界目安はどれか。

a　1%
b　5%
c　20%
d　30%

【140】焼戻し温度以下で熱間加工すべき鋼材はどれか。

a　軟鋼
b　低炭素鋼
c　非調質高張力鋼
d　調質高張力鋼

次の設問【141】～【145】は予熱およびパス間温度について述べている。正しいものを１つ選び，マークシートの解答欄の該当箇所にマークせよ。

【141】予熱温度の決定に関係しないのはどれか。

a　溶接電源の外部特性
b　母材の化学成分（組成）
c　溶接法
d　継手の拘束度

【142】予熱温度を高くすると熱影響部の最高硬さはどうなるか。

a　低くなる
b　変わらない
c　高くなる
d　低くなる場合と高くなる場合がある

【143】板厚50mmの780N/mm^{2}級高張力鋼の溶接で予熱温度の目安はどれか。

a　30℃
b　100℃
c　250℃
d　350℃

【144】板厚25mmの溶接で必要な予熱範囲はどれか。

a　開先内部のみ
b　開先を挟んで片側あたり20～50mm
c　開先を挟んで片側あたり50～100mm
d　開先を挟んで片側あたり100～200mm

【145】パス間温度の上限を規定する理由はどれか。

a　低温割れ防止
b　溶接部の強度低下およびぜい化防止
c　溶接部の硬化防止

d　溶接熱影響部の細粒化防止

次の設問【146】～【150】はティグ溶接とサブマージアーク溶接について述べている。正しいものを１つ選び，マークシートの解答欄の該当箇所にマークせよ。

【146】ティグ溶接の特長はどれか。

a　溶接速度が速い
b　裏波溶接が容易にできる
c　溶着量が多い
d　非金属が溶接できる

【147】ティグ溶接のシールドガスとしてアルゴンを用いる利点はどれか。

a　深溶込みが得られる
b　溶接速度を速くできる
c　溶接金属の品質がよくなる
d　アークの冷却効果がもっとも大きい

【148】太径ワイヤを用いるサブマージアーク溶接の特長はどれか。

a　全姿勢溶接が可能
b　低温割れを生じにくい
c　大電流が使用できる
d　ロボット溶接に適している

【149】サブマージアーク溶接で希釈が最も大きい溶接はどれか。

a　I形開先片面単層溶接
b　V形開先多層溶接
c　X形開先多層溶接
d　帯状電極肉盛溶接

【150】大入熱サブマージアーク溶接の熱影響部に生じる現象はどれか。

a　細粒化と硬化
b　細粒化とぜい化
c　粗粒化と硬化
d　粗粒化とぜい化

次の設問【151】～【155】は溶接変形の低減について述べている。正しいものを１つ選び，マークシートの解答欄の該当箇所にマークせよ。

【151】溶接による収縮量をあらかじめ見込んで，溶接部材寸法を大きくする処置はどれか。

a　ならい
b　溶接残し
c　伸ばし
d　角まわし

【152】溶接後の角変形を小さくする方法はどれか。

a　カスケード法
b　バタリング法
c　飛石法
d　逆ひずみ法

【153】突合せ継手で横収縮を低減させる方法はどれか。

a　開先断面積を小さくする
b　開先角度を大きくする
c　目違い修正ピースを用いる
d　スカラップを用いる

【154】ストロングバックで低減できる溶接変形はどれか。

a　座屈変形
b　縦収縮
c　角変形
d　縦曲り変形

【155】溶接構造物の変形低減のため，優先して溶接すべき継手はどれか。

a　収縮量の少ない突合せ継手
b　溶着量の少ない突合せ継手
c　溶着量の多い突合せ継手
d　すみ肉継手

次の設問【156】～【160】は溶接割れについて述べている。正しいものを1つ選び，マークシートの解答欄の該当箇所にマークせよ。

【156】低温割れ発生の3つの主要因子はどれか。

a　拡散性水素，硬化組織，引張応力
b　拡散性水素，硬化組織，圧縮応力
c　拡散性水素，軟化組織，引張応力
d　拡散性水素，軟化組織，圧縮応力

【157】低温割れが最も発生しにくい溶接法はどれか。

a　スラグ系フラックス入りワイヤを用いたマグ溶接
b　ソリッドワイヤを用いたマグ溶接
c　イルミナイト系溶接棒を用いた被覆アーク溶接
d　高セルロース系溶接棒を用いた被覆アーク溶接

【158】梨形（ビード）割れの防止策として有効な溶接条件はどれか。

a　溶接電流を低くし，溶接速度を遅くする
b　溶接電流を低くし，溶接速度を速くする
c　溶接電流を高くし，溶接速度を遅くする
d　溶接電流を高くし，溶接速度を速くする

【159】再熱割れの発生位置はどこか。

a　母材原質域
b　細粒域
c　混粒域
d　粗粒域

【160】ラメラテアの起点となるのはどれか。

a　非金属介在物
b　アンダカット
c　ブローホール

d　ピット

次の設問【161】～【165】は高張力鋼の補修溶接について述べている。正しいものを１つ選び，マークシートの解答欄の該当箇所にマークせよ。

【161】補修溶接時に最も留意すべきものはどれか。

a　溶着量
b　溶接速度
c　拡散性水素量
d　アーク長

【162】補修溶接の予熱温度はどれか。

a　本溶接より低い温度
b　本溶接と同じ温度
c　本溶接より高い温度
d　予熱不要

【163】補修溶接ビードの標準的な最小長さはどれか。

a　15mm
b　50mm
c　150mm
d　300mm

【164】補修溶接部の適切な非破壊検査時期はどれか。

a　溶接直後
b　溶接完了後12～24時間の間
c　溶接完了後24～48時間経過後
d　いつでも良い

【165】溶接後熱処理ができない場合にとられる方法はどれか。

a　バックステップ法
b　ブロック法
c　ウィービング法
d　テンパビード法

次の設問【166】～【170】は溶接欠陥の非破壊試験方法について述べている。正しいものを１つ選び，マークシートの解答欄の該当箇所にマークせよ。

【166】オーステナイト系ステンレス鋼溶接部のピットの検出に適している試験方法はどれか。

a　超音波探傷試験（UT）
b　浸透探傷試験（PT）
c　磁粉探傷試験（MT）
d　放射線透過試験（RT）

【167】建築鉄骨の柱・梁継手の溶込不良の検出に適している試験方法はどれか。

a　磁粉探傷試験（MT）
b　超音波探傷試験（UT）
c　浸透探傷試験（PT）

d　放射線透過試験（RT）

【168】鋼溶接部の微細な止端割れの検出に最も適している試験方法はどれか。

a　磁粉探傷試験（MT）
b　目視試験（VT）
c　超音波探傷試験（UT）
d　放射線透過試験（RT）

【169】アルミニウム合金突合せ継手のブローホールの検出に適している試験方法はどれか。

a　磁粉探傷試験（MT）
b　超音波探傷試験（UT）
c　浸透探傷試験（PT）
d　放射線透過試験（RT）

【170】炭素鋼の突合せ継手の角変形の有無を調べる試験方法はどれか。

a　磁粉探傷試験（MT）
b　目視試験（VT）
c　超音波探傷試験（UT）
d　放射線透過試験（RT）

次の設問【171】～【175】は溶接部表面の非破壊試験について述べている。正しいものを１つ選び，マークシートの解答欄の該当箇所にマークせよ。

【171】磁粉探傷試験が適用できない材料はどれか。

a　SM490
b　SUS304
c　S35C
d　SN400

【172】磁粉探傷試験においてプロッド法と比較した極間法の利点はどれか。

a　微細な割れを検出しやすい
b　磁場の強さを自由に変えることができる
c　試験体表面でスパークが発生しない
d　蛍光磁粉にも適用できる

【173】速乾式現像法による溶剤除去性浸透探傷試験の除去処理について正しいのはどれか。

a　洗浄剤を直接吹き付けて洗い流す
b　洗浄剤を直接吹き付けた後，ウエスでふき取る
c　洗浄剤をしみ込ませたウエスでふき取る
d　洗浄剤を使用せず，乾いたウエスでふき取る

【174】浸透探傷試験に関する記述で，正しいのはどれか。

a　試験材料の温度の影響を受けない
b　非鉄金属にも適用できる
c　表面粗さの影響を受けない
d　きずの深さが推定できる

【175】蛍光浸透液を用いる浸透探傷試験で観察に用いる機材はどれか。

a　白色灯
b　蛍光灯

c　赤外線照射灯
d　紫外線照射灯

次の設問【176】～【180】は溶接内部の非破壊試験方法について述べている。正しいものを１つ選び，マークシートの解答欄の該当箇所にマークせよ。

【176】放射線透過試験における透過度計の使用目的はどれか。
a　放射線エネルギーの強弱の確認
b　検出できるきずの位置の確認
c　透過写真の像質が規定を満足しているかの確認
d　透過写真の濃度の確認

【177】放射線透過試験でスラグ巻込みはフィルム上でどのように写るか。
a　周辺に比べて白く写る
b　周辺に比べて黒く写る
c　周辺と同じ濃さに写る
d　スラグの厚さによって白または黒く写る

【178】余盛付き突合せ継手の超音波探傷試験で一般に用いられる手法はどれか。
a　垂直探傷法
b　斜角探傷法
c　水浸探傷法
d　屈折探傷法

【179】超音波探傷試験の適用が困難な溶接部はどれか。
a　低炭素鋼溶接部
b　アルミニウム合金溶接部
c　オーステナイト系ステンレス鋼溶接部
d　高張力鋼溶接部

【180】超音波探傷試験が放射線透過試験より優れている点はどれか。
a　欠陥の種類判別が容易である
b　ブローホールを容易に検出できる
c　表面粗さの影響を受けない
d　厚板の検査が容易である

次の設問【181】～【185】は感電防止のための安全衛生について述べている。正しいものを１つ選び，マークシートの解答欄の該当箇所にマークせよ。

【181】感電防止に有効な方法はどれか。
a　局所換気装置を使用する
b　母材を接地する
c　アーク電圧の設定値を低くする
d　溶接ケーブルを太くする

【182】溶接棒ホルダの点検時期で正しいのはどれか。
a　１か月に１回
b　１週に１回
c　毎日１回

d　使用する直前

【183】JIS C 9311「交流アーク溶接電源用電撃防止装置」で規定されている遅動時間の意味はどれか。

a　消弧後，次の溶接ができるようになるまでの時間
b　溶接棒が短絡した後，溶接が開始できるまでの時間
c　消弧後，無負荷電圧が安全電圧に変わるまでの時間
d　消弧後，溶接機の温度が溶接開始時の温度に下がるまでの時間

【184】JIS C 9311「交流アーク溶接電源用電撃防止装置」で規定されている遅動時間はどれか。

a　0.06秒以下
b　1.0 ± 0.3秒
c　2.0 ± 0.3秒
d　3.0 ± 0.3秒

【185】電撃防止装置を使用していないアーク溶接の感電災害について，正しい記述はどれか。

a　アークが発生していない時は，発生している時よりも感電の危険性は高い
b　アークが発生していない時は，発生している時よりも感電の危険性は低い
c　アークが発生していない時も，発生している時も感電の危険性はどちらも高い
d　アークが発生していない時も，発生している時も感電の危険性はどちらも低い

次の設問【186】～【190】は溶接ヒュームおよびガスに対する安全衛生について述べている。正しいものを１つ選び，マークシートの解答欄の該当箇所にマークせよ。

【186】酸素欠乏症等防止規則によると，空気中の酸素濃度が何パーセント未満になると，酸欠防止対策が必要か。

a　24%
b　20%
c　18%
d　16%

【187】一酸化炭素が最も多く生じる溶接法はどれか。

a　ティグ溶接
b　ミグ溶接
c　マグ溶接
d　サブマージアーク溶接

【188】同じ溶接電流で溶接する場合，発生するヒューム量が最も少ない溶接法はどれか。

a　ティグ溶接
b　マグ溶接
c　被覆アーク溶接
d　セルフシールドアーク溶接

【189】溶接ヒュームによる障害でないものはどれか。

a　金属熱
b　白内障

c　化学性肺炎
d　じん肺

【190】じん肺法の記述に関し，間違っているものはどれか。
a　じん肺とは粉じんを吸入することによって生じる肺の疾病をいう
b　じん肺健康診断には胸部X線写真を用いる
c　常時溶接作業に従事する者は，半年に1回，じん肺健診を受診しなくてはならない
d　事業者は定期的に，じん肺健康診断を行わなければならない

次の設問【191】～【195】はガスおよび切断・騒音の安全衛生について述べている。正しいものを一つ選び，マークシートの解答欄の該当箇所にマークせよ。

【191】労働安全衛生規則で定める，ガス容器の保持温度はどれか。
a　30℃以下
b　40℃以下
c　50℃以下
d　60℃以下

【192】空気と混合したときに爆発限界濃度範囲（容量％）が最も狭いガスはどれか。
a　メタン
b　水素
c　アセチレン
d　プロパン

【193】板厚12mmの軟鋼を標準条件で切断する場合，発生する騒音の最も大きなものはどれか。
a　プラズマ切断
b　ガス切断
c　レーザ切断
d　パウダ切断

【194】溶接・切断作業が聴覚に与える影響で正しいのはどれか。
a　高音域より中音域が有害
b　中音域より低音域が有害
c　高音域より低音域が有害
d　低音域より高音域が有害

【195】JIS T 8161「防音保護具」に関する記述で正しいものはどれか。
a　一種は全音域を，二種は高音域を遮音する
b　一種は全音域を，二種は低音域を遮音する
c　一種は高音域を，二種は全音域を遮音する
d　一種は低音域を，二種は全音域を遮音する

次の設問【196】～【200】は各種光線について述べている。正しいものを１つ選び，マークシートの解答欄の該当箇所にマークせよ。

【196】アーク光の影響により現れる急性症状はどれか。
a　電気性眼炎
b　緑内障

c　じん肺
d　白内障

【197】前問【196】の急性症状を引き起こす光線はどれか。

a　赤外線
b　ブルーライト
c　紫外線
d　X線

【198】アーク光の影響により現れる慢性症状はどれか。

a　電気性眼炎
b　緑内障
c　じん肺
d　白内障

【199】溶接電流250 Aのマグ溶接で使用する標準のフィルタプレートの遮光度番号はどれか。

a　7～8
b　9～10
c　11～12
d　13～14

【200】レーザ溶接に用いる遮光保護具の記述で正しいのはどれか。

a　色の濃いサングラスで代用できる
b　アーク溶接用保護具で代用できる
c　専用保護めがねが必要
d　特に指定なし

●2021年11月７日出題　２級試験問題●

解答例

【1】c，【2】b，【3】c，【4】b，【5】a，【6】d，【7】c，【8】a，【9】b，
【10】a，【11】c，【12】a，【13】b，【14】c，【15】c，【16】d，【17】c，【18】d，
【19】c，【20】a，【21】b，【22】a，【23】c，【24】c，【25】d，【26】d，【27】a，
【28】a，【29】d，【30】c，【31】c，【32】c，【33】c，【34】b，【35】a，【36】b，
【37】b，【38】c，【39】c，【40】d，【41】a，【42】c，【43】a，【44】c，【45】d，
【46】c，【47】a，【48】a，【49】d，【50】c，【51】d，【52】c，【53】d，【54】a，
【55】d，【56】b，【57】d，【58】b，【59】d，【60】b，【61】a，【62】b，【63】c，
【64】a，【65】d，【66】b，【67】d，【68】a，【69】c，【70】a，【71】d，【72】d，
【73】a，【74】a，【75】a，【76】c，【77】b，【78】d，【79】a，【80】c，【81】a，
【82】c，【83】d，【84】b，【85】c，【86】a，【87】c，【88】d，【89】c，【90】c，
【91】b，【92】c，【93】b，【94】a，【95】a，【96】a，【97】d，【98】c，【99】d，

【100】a，【101】b，【102】c，【103】d，【104】b，【105】c，【106】a，【107】a，
【108】a，【109】d，【110】c，【111】a，【112】d，【113】b，【114】a，【115】c，
【116】d，【117】b，【118】c，【119】a，【120】c，【121】b，【122】d，【123】b，
【124】d，【125】b，【126】a，【127】a，【128】b，【129】c，【130】d，【131】a，
【132】d，【133】d，【134】c，【135】c，【136】c，【137】b，【138】a，【139】b，
【140】d，【141】a，【142】a，【143】b，【144】c，【145】b，【146】b，【147】c，
【148】c，【149】a，【150】d，【151】c，【152】d，【153】a，【154】c，【155】c，
【156】a，【157】b，【158】a，【159】d，【160】a，【161】c，【162】c，【163】b，
【164】c，【165】d，【166】b，【167】b，【168】a，【169】d，【170】b，【171】b，
【172】c，【173】c，【174】b，【175】d，【176】c，【177】b，【178】b，【179】c，
【180】d，【181】b，【182】d，【183】c，【184】b，【185】a，【186】c，【187】c，
【188】a，【189】b，【190】c，【191】b，【192】d，【193】a，【194】d，【195】a，
【196】a，【197】c，【198】d，【199】c，【200】c

●2021年６月６日出題●

２級試験問題

次の設問【1】～【5】は金属の接合方法について述べている。正しいものを１つ選び，マークシートの解答欄の該当箇所にマークせよ。

【１】電気的エネルギーを加熱に利用した接合方法はどれか。

a　超音波圧接
b　アプセット溶接
c　テルミット溶接
d　摩擦圧接

【２】化学的エネルギーを加熱に利用した接合方法はどれか。

a　拡散接合
b　エレクトロガスアーク溶接
c　エレクトロスラグ溶接
d　ガス溶接

【３】力学的エネルギーを加熱に利用した接合方法はどれか。

a　摩擦攪拌接合
b　抵抗スポット溶接
c　スタッド溶接
d　フラッシュ溶接

【４】光エネルギーを加熱に利用した接合方法はどれか。

a　電子ビーム溶接
b　拡散接合
c　レーザ溶接
d　誘導加熱ろう付

【５】機械的接合方法はどれか。

a　プロジェクション溶接
b　アプセット溶接
c　ウェルドボンド
d　リベット

次の設問【６】～【10】は溶接アークの性質について述べている。正しいものを１つ選び，マークシートの解答欄の該当箇所にマークせよ。

【６】平行な２本の導体に，同一方向の電流が通電された場合，電磁力によって導体間に作用する力はどれか。

a　引力
b　反発力
c　回転力
d　浮力

【７】アーク柱を流れる電流によって生じる電磁力の作用で，アーク柱はどのようになるか。

a　長さが短くなる
b　長さが長くなる
c　断面が収縮する
d　断面が膨張する

【８】電磁力によって発生する，電極から母材に向かう高速のガス気流はどれか。

a　シールドガス気流
b　プラズマ気流
c　プラズマジェット
d　アークブロー

【９】溶接トーチを傾けても，トーチの延長線方向に発生しようとするアークの性質はどれか。

a　アークの極性
b　アークの点弧性
c　アークの直線性
d　アークの硬直性

【10】ワイヤ端からの溶滴の離脱に最も関係するのはどれか。

a　熱的ピンチ力
b　電磁ピンチ力
c　自己制御作用
d　クリーニング作用

次の設問【11】～【15】はアーク溶接のシールドガスについて述べている。正しいものを１つ選び，マークシートの解答欄の該当箇所にマークせよ。

【11】マグ溶接に用いられるシールドガスはどれか。

a　不活性ガス
b　活性ガス
c　還元性ガス
d　低反応性ガス

【12】鋼のパルスマグ溶接に用いられるシールドガスはどれか。

a　100％炭酸ガス
b　80％炭酸ガス＋20％アルゴンの混合ガス
c　50％炭酸ガス＋50％アルゴンの混合ガス
d　20％炭酸ガス＋80％アルゴンの混合ガス

【13】ソリッドワイヤを用いるステンレス鋼のマグ溶接に用いられるシールドガスはどれか。

a　100％アルゴン
b　95％アルゴン＋5％酸素の混合ガス
c　50％アルゴン＋50％炭酸ガスの混合ガス
d　100％炭酸ガス

【14】アルミニウム合金のミグ溶接に用いられるシールドガスはどれか。

a　100％アルゴン
b　80％アルゴン＋20％炭酸ガスの混合ガス

c　50％アルゴン＋50％炭酸ガスの混合ガス
d　20％アルゴン＋80％炭酸ガスの混合ガス

【15】ティグ溶接のシールドガスはどれか。

a　100％アルゴン
b　90％アルゴン＋10％酸素の混合ガス
c　50％アルゴン＋50％炭酸ガスの混合ガス
d　100％炭酸ガス

次の設問【16】～【20】はティグ溶接について述べている。正しいものを１つ選び，マークシートの解答欄の該当箇所にマークせよ。

【16】電極材料はどれか。

a　タングステン
b　ニッケル
c　ハフニウム
d　クロム

【17】アークの起動に用いられる方法はどれか。

a　電極先端を母材に接触させ，大電流を通電する
b　電極先端と母材は非接触で，高周波高電圧を加える
c　電極先端と母材の間に，スチールウールを挟んで通電する
d　電極先端とノズル間に発生させた，パイロットアークを利用する

【18】溶接金属を得るために添加する材料はどれか。

a　フラックス
b　溶加材
c　アシストガス
d　スラグ

【19】ステンレス鋼の溶接に用いられる溶接電源の特性はどれか。

a　直流定電圧
b　直流定電流
c　交流定電圧
d　交流定電流

【20】アルミニウム合金の溶接に多用される溶接電源の特性はどれか。

a　直流定電圧
b　直流定電流
c　交流定電圧
d　交流定電流

次の設問【21】～【25】はマグ溶接でのワイヤ溶融について述べている。正しいものを１つ選び，マークシートの解答欄の該当箇所にマークせよ。

【21】ワイヤの溶融に寄与する熱はどれか。

a　ワイヤ径が細い場合はアーク熱のみ
b　ワイヤ径が太い場合は抵抗発熱のみ

c　ワイヤ径にかかわらずアーク熱のみ
d　ワイヤ径にかかわらずアーク熱とワイヤ突出し部での抵抗発熱の両者

【22】アーク熱によるワイヤ溶融について正しいのはどれか。
a　アーク電圧にほぼ比例する
b　アーク電圧の二乗にほぼ比例する
c　溶接電流にほぼ比例する
d　溶接電流の二乗にほぼ比例する

【23】ワイヤ突出し部で発生する熱について正しいのはどれか。
a　アーク電圧にほぼ比例する
b　アーク電圧の二乗にほぼ比例する
c　溶接電流にほぼ比例する
d　溶接電流の二乗にほぼ比例する

【24】ワイヤ突出し部で発生する熱に影響するのはどれか。
a　ワイヤ径のみ
b　ワイヤ突出し長さのみ
c　ワイヤ径とワイヤ突出し長さ
d　ワイヤ突出し長さとワイヤ送給速度

【25】ワイヤ送給（供給）速度を速くするとどうなるか。
a　溶接電流が増加する
b　溶接電流は変化しない
c　溶接電流が減少する
d　アーク電圧が増加する

次の設問【26】～【30】はプラズマアーク溶接について述べている。正しいものを１つ選び，マークシートの解答欄の該当箇所にマークせよ。

【26】プラズマを発生させるために用いる作動ガス（プラズマガス）はどれか。
a　アルゴン
b　アルゴンと酸素の混合ガス
c　アルゴンと炭酸ガスの混合ガス
d　アルゴンと水素の混合ガス

【27】シールドガスとして用いられるのはどれか。
a　炭酸ガス
b　アルゴンと酸素の混合ガス
c　アルゴンと炭酸ガスの混合ガス
d　アルゴンと水素の混合ガス

【28】アークを細く絞るために用いるトーチ部品はどれか。
a　インシュレータ
b　コレット
c　ノズル電極
d　オリフィス

【29】上記トーチ部品のアークを細く絞る作用はどれか。

a　クリーニング作用
b　熱的ピンチ効果
c　電磁ピンチ効果
d　表皮効果

【30】強いアーク力によって，アーク直下に形成される貫通穴の名称はどれか。

a　ピンホール
b　スルーホール
c　プラズマホール
d　キーホール

次の設問【31】～【35】は溶接機器の使用率について述べている。正しいものを１つ選び，マークシートの解答欄の該当箇所にマークせよ。

【31】JIS C 9300-1で定義されている定格使用率はどれか。

a　定格出力電流を通電した時間の１分間に対する比の百分率
b　定格出力電流を通電した時間の10分間に対する比の百分率
c　定格出力電流を通電した時間の30分間に対する比の百分率
d　定格出力電流を通電した時間の１時間に対する比の百分率

【32】許容使用率の正しい定義はどれか。

a　（定格入力電流/使用溶接電流）×定格使用率
b　$(定格入力電流/使用溶接電流)^2$×定格使用率
c　（定格出力電流/使用溶接電流）×定格使用率
d　$(定格出力電流/使用溶接電流)^2$×定格使用率

【33】定格出力電流300A，定格使用率40%の溶接機で，溶接電流200Aの溶接を行う場合の許容使用率はどれか。

a　20%
b　40%
c　60%
d　90%

【34】定格出力電流500A，定格使用率100%のインバータ制御アーク溶接機についての正しい記述はどれか。

a　使用率が60%以下であれば，500A以上の溶接電流でも問題なく使用できる
b　短時間であれば，500A以上の溶接電流でも溶接機損傷のおそれは全くない
c　どのような溶接電流値でも，10分以上の連続溶接には適用できない
d　溶接電流が500A以下であれば，10分を超える連続溶接にも適用できる

【35】マグ溶接トーチの許容使用率を決めるものはどれか。

a　「トーチの定格電流」と「使用する溶接電流」
b　「トーチの定格電流」と「トーチの定格使用率」
c　「トーチの定格電流」と「トーチの定格使用率」と「使用する溶接電流」
d　「トーチの定格電流」と「溶接電源の定格出力電流」

次の設問【36】～【40】はガス切断について述べている。正しいものを１つ選び，マークシートの解答欄の該当箇所にマークせよ。

【36】ガス切断の主たるエネルギー源はどれか。

a　酸素とアセチレンの化学反応熱
b　酸素と鉄の化学反応熱
c　アセチレンの運動エネルギー
d　酸素の運動エネルギー

【37】予熱炎の燃料ガスに用いられるのはどれか。

a　酸素
b　窒素
c　プロパン
d　アルゴン

【38】切断ガスに用いられるのはどれか。

a　酸素
b　窒素
c　アセチレン
d　アルゴン

【39】ガス切断が適用できる材料はどれか。

a　ステンレス鋼
b　低炭素鋼
c　銅合金
d　アルミニウム合金

【40】前問【39】の材料のガス切断がレーザ切断に比べて優れているのはどれか。

a　高速切断
b　高精度切断
c　極薄板切断
d　極厚板切断

次の設問【41】～【45】は炭素鋼について述べている。正しいものを１つ選び，マークシートの解答欄の該当箇所にマークせよ。

【41】機械構造用炭素鋼S10Cはどれか。

a　炭素量が約0.1％の鋼
b　シリコン量が約0.1％の鋼
c　マンガン量が約0.1％の鋼
d　リン量が約0.1％の鋼

【42】炭素鋼におけるパーライト組織はどれか。

a　マルテンサイトとフェライトの混合組織
b　フェライトとセメンタイトの混合組織
c　オーステナイトとセメンタイトの混合組織
d　オーステナイトとフェライトの混合組織

【43】炭素含有量0.15％の鋼を1000℃から徐冷したときの室温組織はどれか。

a　オーステナイトとフェライト
b　パーライトとオーステナイト

c　フェライトとパーライト
d　マルテンサイトとオーステナイト

【44】炭素含有量0.15％の鋼を1000℃から水冷したときの室温組織はどれか。

a　フェライト
b　パーライト
c　オーステナイト
d　マルテンサイト

【45】TMCP（熱加工制御）鋼の製造方法はどれか。

a　圧延の後，焼入焼戻しの熱処理
b　圧延の後，オーステナイト温度域から空冷する熱処理
c　圧延温度や圧下量を制御して圧延を行い，加速冷却
d　オーステナイト温度域から急冷した後，二相温度域に再加熱・長時間保持

次の設問【46】～【50】は鋼の熱処理について述べている。正しいものを１つ選び，マークシートの解答欄の該当箇所にマークせよ。

【46】焼ならし（焼準）とは，どのような熱処理か。

a　硬さや強度を増すため，オーステナイト温度域から急冷
b　軟化などを目的に，オーステナイト温度域から炉中で徐冷
c　組織を微細化するために，オーステナイト温度域から空冷
d　600℃程度の温度に再加熱した後，空冷

【47】焼なまし（焼鈍）とは，どのような熱処理か。

a　硬さや強度を増すため，オーステナイト温度域から急冷
b　軟化などを目的に，オーステナイト温度域から炉中で徐冷
c　組織を微細化するために，オーステナイト温度域から空冷
d　600℃程度の温度に再加熱した後，空冷

【48】焼戻しとは，どのような熱処理か。

a　硬さや強度を増すため，オーステナイト温度域から急冷
b　軟化などを目的に，オーステナイト温度域から炉中で徐冷
c　組織を微細化するために，オーステナイト温度域から空冷
d　600℃程度の温度に再加熱した後，空冷

【49】焼入れとは，どのような熱処理か。

a　硬さや強度を増すため，オーステナイト温度域から急冷
b　軟化などを目的に，オーステナイト温度域から炉中で徐冷
c　組織を微細化するために，オーステナイト温度域から空冷
d　600℃程度の温度に再加熱した後，空冷

【50】調質高張力鋼の製造で行われる熱処理はどれか。

a　焼ならし
b　焼入れ＋焼戻し
c　焼なまし
d　焼ならし＋焼戻し

次の設問【51】～【55】はJIS鋼材規格について述べている。正しいものを１つ選び，マークシートの解答欄の該当箇所にマークせよ。

【51】一般構造用圧延鋼材SS400などで，SSの後に続く数字が表すものはどれか。

a　疲れ強さ
b　降伏点または0.2％耐力
c　引張強さ
d　硬さ

【52】一般構造用圧延鋼材SS400の化学成分の規定として，正しいのはどれか。

a　炭素当量（Ceq）の上限値を規定
b　溶接割れ感受性組成（P_{CM}）の上限値を規定
c　PおよびS量の上限値を規定
d　C，Si，Mn量の上限値を規定

【53】溶接構造用圧延鋼材SM490A，SM490B，SM490Cで規定値が異なるのはどれか。

a　降伏点または0.2％耐力
b　シャルピー吸収エネルギー
c　引張強さ
d　溶接割れ感受性組成

【54】溶接構造用圧延鋼材SM材には規定がなく，建築構造用圧延鋼材SN材のB種とC種に規定されているのはどれか。

a　硬さ
b　引張強さ
c　炭素量
d　降伏比

【55】SN490BのS含有量の上限を，SM490Bより低く規定している理由はどれか。

a　高温割れ防止
b　ラメラテア防止
c　降伏点の向上
d　降伏比の向上

次の設問【56】～【60】は各種鋼材について述べている。正しいものを１つ選び，マークシートの解答欄の該当箇所にマークせよ。

【56】低温用鋼で重視される特性はどれか。

a　引張強さ
b　絞り
c　じん性
d　耐食性

【57】前問【56】の特性を確保するため，一般に添加される元素はどれか。

a　Cr
b　Ni
c　Si
d　Mo

【58】高温用鋼で重視される特性はどれか。

a　制振性
b　座屈強度
c　クリープ強度
d　破断伸び

【59】前問【58】の特性を確保するため，一般に添加される元素はどれか。

a　Zn と Pb
b　Cr と Mo
c　Mg と Ca
d　Al と Cu

【60】耐候性鋼はどれか。

a　海水中で耐食性の高い鋼
b　大気中で耐食性の高い鋼
c　土中で耐食性の高い鋼
d　油中で耐食性の高い鋼

次の設問【61】～【65】は鋼材の溶接熱影響部について述べている。正しいものを1つ選び，マークシートの解答欄の該当箇所にマークせよ。

【61】1250℃以上に加熱され，ぜい化や硬化しやすく，割れなどを生じやすい領域はどれか。

a　粗粒域
b　細粒域
c　部分変態域（二相加熱域）
d　母材原質域

【62】A_3温度直上に加熱されて変態が生じ，じん性などの機械的性質が良好な領域はどれか。

a　粗粒域
b　細粒域
c　部分変態域（二相加熱域）
d　母材原質域

【63】A_3～A_1温度に加熱され，オーステナイトに一部変態した領域で，じん性が低下しやすい領域はどれか。

a　粗粒域
b　細粒域
c　部分変態域（二相加熱域）
d　母材原質域

【64】同じ溶接条件の溶接熱影響部の硬さについて正しいのはどれか。

a　板厚が薄いほど硬くなる
b　板厚が厚いほど硬くなる
c　水素量が少ないほど硬くなる
d　水素量が多いほど硬くなる

【65】多層溶接と単層溶接の溶接熱影響部の特徴を比較したとき，正しいのはどれか。

a　多層溶接の方が硬さが高い場合が多い
b　多層溶接の方がじん性に優れる場合が多い
c　両者の機械的性質には差がない
d　両者の金属組織には差がない

次の設問【66】〜【70】は溶接欠陥について述べている。正しいものを１つ選び，マークシートの解答欄の該当箇所にマークせよ。

【66】溶接部のシールドが不十分となった場合に最も発生しやすい欠陥はどれか。

a　オーバラップ
b　アンダカット
c　ポロシティ
d　スラグ巻込み

【67】ビード表面に開口した欠陥はどれか。

a　ピット
b　スラグ巻込み
c　ブローホール
d　ラメラテア

【68】溶接金属が止端部で母材と融合せずに重なった欠陥はどれか。

a　オーバラップ
b　アンダカット
c　ブローホール
d　スラグ巻込み

【69】ビード止端部に沿って母材が掘られ，溝となって残った欠陥はどれか。

a　オーバラップ
b　アンダカット
c　ブローホール
d　スラグ巻込み

【70】溶融したフラックスが溶接金属内に介在物として残った欠陥はどれか。

a　オーバラップ
b　アンダカット
c　ブローホール
d　スラグ巻込み

次の設問【71】〜【75】は溶接割れについて述べている。正しいものを１つ選び，マークシートの解答欄の該当箇所にマークせよ。

【71】低温割れの発生要因に該当しないものはどれか。

a　溶接部に侵入した拡散性水素
b　硬化組織の生成
c　低融点液膜の形成
d　継手の拘束度（応力）

【72】低温割れの防止策として有効なものはどれか。

a　溶接入熱の低減
b　予熱および直後熱
c　溶接割れ感受性組成（P_{CM}）が大きい鋼材の使用
d　イルミナイト系溶接棒の使用

【73】凝固割れとは，どのような割れか。

a　溶融溶接のクレータに生じる割れ
b　低融点不純物の液化によって粒界に沿って生じる割れ
c　溶接後熱処理により，HAZの粗粒域に生じる割れ
d　ステンレス鋼肉盛溶接部の境界に発生する割れ

【74】再熱割れとは，どのような割れか。

a　溶融溶接のクレータに生じる割れ
b　低融点不純物の液化によって粒界に沿って生じる割れ
c　溶接後熱処理により，HAZの粗粒域に生じる割れ
d　ステンレス鋼肉盛溶接部の境界に発生する割れ

【75】板厚方向の応力によって，板表面と平行に階段状に発生する割れはどれか。

a　ラメラテア
b　梨形（ビード）割れ
c　クレータ割れ
d　止端割れ

次の設問【76】～【80】は溶接材料について述べている。正しいものを１つ選び，マークシートの解答欄の該当箇所にマークせよ。

【76】被覆アーク溶接棒の被覆剤の役割はどれか。

a　溶融金属の大気からの遮蔽
b　溶融金属の急速凝固の促進
c　残留応力の低下
d　アーク起動性の向上

【77】低水素系被覆アーク溶接棒の使用目的はどれか。

a　溶込みの増加
b　耐低温割れ性の向上
c　スラグ剥離性の改善
d　耐酸化性の向上

【78】490N/mm^{2}級鋼に推奨される100％炭酸ガス用ソリッドワイヤはどれか。

a　YGW11
b　YGW15
c　YGW17
d　YGW19

【79】100％炭酸ガス用の溶接ワイヤを用いて，80％アルゴン＋20％炭酸ガスのシールドガス中で溶接した場合，どのようなことが起こるか。

a　Si，Mnが減り，強度が低下する
b　Si，Mnが減り，強度が増加する

c　Si，Mnが増え，強度が低下する
d　Si，Mnが増え，強度が増加する

【80】サブマージアーク溶接用のボンドフラックスの特徴はどれか。
a　耐吸湿性が優れている
b　高速溶接に適している
c　合金元素の添加が容易である
d　フラックスを何度も再利用できる

次の設問【81】～【85】はステンレス鋼の溶接性について述べている。正しいものを１つ選び，マークシートの解答欄の該当箇所にマークせよ。

【81】オーステナイト系ステンレス鋼の溶接で生じやすい割れはどれか。
a　凝固割れ
b　ラメラテア
c　ビード下割れ
d　低温割れ

【82】前問【81】の割れの防止策はどれか。
a　低炭素ステンレス鋼の使用
b　予熱の実施
c　デルタフェライトを晶出する溶接材料の使用
d　600～650℃での溶接後熱処理の実施

【83】溶接金属のフェライト量を予測するのに用いるのはどれか。
a　応力-ひずみ線図
b　CCT図
c　シェフラ組織図
d　S-N線図

【84】オーステナイト系ステンレス鋼の溶接熱影響部に生じる鋭敏化の主原因はどれか。
a　不純物元素による低融点液膜の形成
b　クロム炭化物の粒界析出
c　クロム酸化物の形成
d　シグマ相の析出

【85】ウェルドディケイの防止策はどれか。
a　低炭素ステンレス鋼の使用
b　予熱の実施
c　デルタフェライトを晶出する溶接材料の使用
d　600～650℃での溶接後熱処理の実施

次の設問【86】～【90】は材料力学の基礎について述べている。正しいものを１つ選び，マークシートの解答欄の該当箇所にマークせよ。

【86】荷重を除去したときに変形が元に戻る性質はどれか。
a　弾性
b　塑性
c　剛性

d　じん性

【87】引張試験において，最大荷重点の応力を何というか。

a　降伏応力
b　0.2%耐力
c　引張強さ
d　破断応力

【88】引張試験において，30mmの標点距離が伸びて33mmになったときのひずみはいくらか。

a　0.01%
b　0.1%
c　1%
d　10%

【89】はりが曲げを受けるとき，はり断面内で曲げ応力（絶対値）が最大になる位置はどこか。

a　はり高さの中央
b　はり高さの1/4の位置
c　はりの上下面
d　曲げ応力は，はり断面内で一様

【90】円孔をもつ十分広幅の平板が，一様な1軸引張を受けるときの応力集中係数はいくらか。

a　2
b　3
c　4
d　5

次の設問【91】〜【95】は溶接継手の強さについて述べている。正しいものを1つ選び，マークシートの解答欄の該当箇所にマークせよ。

【91】継手効率の定義として正しいのはどれか。

a　母材のじん性に対する継手のじん性の比率
b　母材の引張強さに対する継手の引張強さの比率
c　継手のじん性に対する母材のじん性の比率
d　継手の引張強さに対する母材の引張強さの比率

【92】溶接部の局所的な静的強度を推定できる試験法はどれか。

a　溶接割れ試験
b　シャルピー衝撃試験
c　硬さ試験
d　曲げ試験

【93】溶接継手強度に及ぼす欠陥の影響を正しく記述しているのはどれか。

a　静的強度，疲労強度のいずれも，欠陥に敏感である
b　静的強度，疲労強度のいずれも，欠陥に鈍感である
c　静的強度は疲労強度に比べ欠陥に敏感である
d　疲労強度は静的強度に比べ欠陥に敏感である

【94】余盛付き溶接継手の疲労強度（溶接線直角方向）について正しいのはどれか。

a　高張力鋼継手の方が，軟鋼継手より高い
b　軟鋼継手の方が，高張力鋼継手より高い
c　高張力鋼継手と軟鋼継手はほぼ同じである
d　溶接金属の疲労強度で決まる

【95】余盛付き溶接継手の疲労強度に最も影響する因子はどれか。

a　母材の硬さ
b　溶接金属の成分
c　余盛止端形状
d　母材のじん性

次の設問【96】～【100】は突合せ継手の溶接残留応力と変形について述べている。正しいものを１つ選び，マークシートの解答欄の該当箇所にマークせよ。

【96】突合せ溶接継手の溶接線中央部において，引張残留応力が最大となる方向はどれか。

a　溶接線方向
b　溶接線に直角方向
c　溶接線に対し45°の方向
d　板厚方向

【97】軟鋼突合せ溶接継手の最大引張残留応力について正しいのはどれか。

a　母材の引張強さにほぼ等しい
b　母材の引張強さと降伏強さの平均値にほぼ等しい
c　母材の降伏強さにほぼ等しい
d　母材の降伏強さの50％にほぼ等しい

【98】溶接残留応力によって大きな影響を受ける特性はどれか。

a　引張強度
b　疲労強度
c　クリープ強度
d　降伏強さ

【99】溶接変形の拘束と溶接残留応力との間には，どのような関係があるか。

a　変形を拘束しないと，残留応力は大きくなる
b　変形を拘束すると，残留応力は大きくなる
c　変形を拘束すると，残留応力は小さくなる
d　変形の拘束の有無は，残留応力に影響しない

【100】溶接継手の疲労強度に大きな影響を与える溶接変形はどれか。

a　縦収縮
b　横収縮
c　角変形
d　回転変形

次の設問【101】～【105】は鋼管突合せ溶接継手のJIS Z 3021溶接記号について述べている。正しいものを１つ選び，マークシートの解答欄の該当箇所にマークせよ。

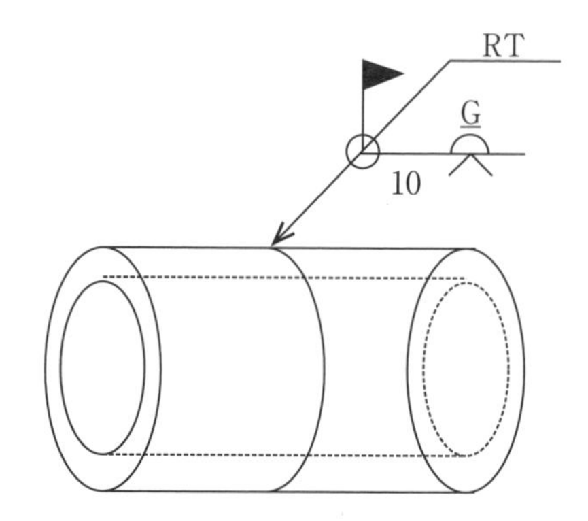

【101】図中の溶接記号「 10╱╲ 」は何を表しているか。
　a　鋼管の外側から開先深さ10mmのV形開先をとる
　b　鋼管の内側から開先深さ10mmのV形開先をとる
　c　鋼管の外側から溶接深さ10mmのV形開先をとる
　d　鋼管の内側から溶接深さ10mmのV形開先をとる

【102】図中の溶接記号「 ⌒ 」は何を表しているか。
　a　裏波溶接をする
　b　裏当て金をつける
　c　裏ビードをおく
　d　裏はつりを行う

【103】図中の溶接記号「 G 」は何を表しているか。
　a　余盛を切削して平らに仕上げる
　b　余盛をグラインダで平らに仕上げる
　c　余盛をチッピングで平らに仕上げる
　d　余盛を研磨して平らに仕上げる

【104】図中の溶接記号「 ⚑ 」は何を表しているか。
　a　突合せ溶接
　b　すみ肉溶接
　c　全周溶接
　d　現場溶接

【105】図中の「RT」は何を表しているか。
　a　鋼管内部線源の放射線透過試験
　b　鋼管外部線源の放射線透過試験
　c　鋼管内部からの超音波探傷試験
　d　鋼管外部からの超音波探傷試験

次の設問【106】～【110】は溶接継手設計について述べている。正しいものを１つ選び，マークシートの解答欄の該当箇所にマークせよ。

【106】板厚の異なる部材の完全溶込み突合せ溶接継手の強度計算に用いるのど厚はどれか。

a　厚い方の板厚
b　薄い方の板厚
c　両板厚の平均厚さ
d　両板厚の差

【107】部分溶込み突合せ溶接継手の強度計算に用いるのど厚はどれか。

a　開先深さ
b　開先深さ＋溶込み深さ
c　開先深さ＋余盛高さ
d　開先深さ＋溶込み深さ＋余盛高さ

【108】不等脚長の凸型すみ肉溶接のサイズはどれか。

a　短い方の脚長
b　長い方の脚長
c　短い方の脚長と長い方の脚長の平均
d　長い方の脚長×0.7

【109】安全率を大きくすると，許容応力はどうなるか。

a　小さくなる
b　変化しない
c　大きくなる
d　突合せ溶接継手では大きくなるが，すみ肉溶接継手では小さくなる

【110】静的荷重を受ける場合，溶接継手の許容応力は母材の許容応力と比べてどうか。

a　高い
b　同じ
c　低い
d　母材の許容応力とは無関係

次の設問【111】～【115】は，図の十字すみ肉溶接継手に引張荷重Pが作用する場合の許容最大荷重を算定する手順を記している。正しいものを１つ選び，マークシートの解答欄の該当箇所にマークせよ。ただし，継手の幅は100mm，許容引張応力は150N/mm²，許容せん断応力は許容引張応力の0.6倍で，$1/\sqrt{2}=0.7$とする。

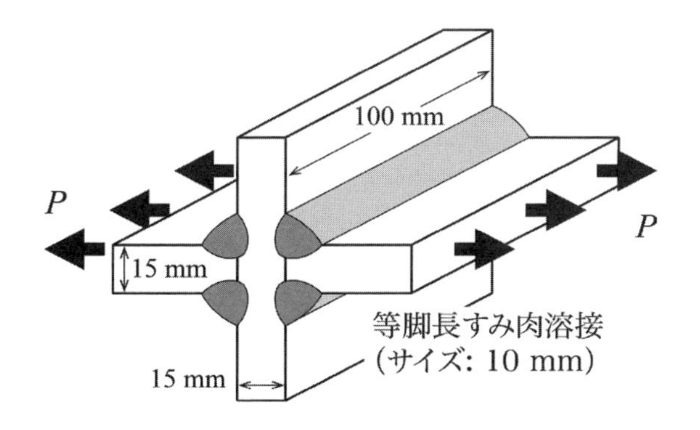

【111】のど厚は何mmか。

a　5mm
b　7mm
c　10mm
d　15mm

【112】各すみ肉溶接継手の有効溶接長さは100mmである。荷重は上下一対のすみ肉溶接継手により伝達される。強度計算に用いる全有効溶接長さは何mmか。

a　100mm
b　150mm
c　200mm
d　400mm

【113】有効のど断面積は何mm^2か。

a　1000mm^2
b　1400mm^2
c　2000mm^2
d　2800mm^2

【114】この継手の許容応力は何N/mm^2か。

a　90N/mm^2
b　120N/mm^2
c　150N/mm^2
d　180N/mm^2

【115】許容最大荷重はいくらか。

a　126kN
b　210kN
c　252kN
d　420kN

次の設問【116】～【120】は品質および品質管理について述べている。正しいものを1つ選び，マークシートの解答欄の該当箇所にマークせよ。

【116】ISO 14731（JIS Z 3410）は何を定めた規格か。

a　品質マネジメントシステム
b　溶接管理－任務及び責任
c　溶接の品質要求事項（金属材料の融接に関する品質要求事項）
d　金属材料の溶接施工要領及びその承認－一般原則

【117】製造の品質はどれか。

a　できばえの品質
b　サービスの品質
c　ねらいの品質
d　検査の品質

【118】生産能力は工場能力を何％稼動させた時のものか。

a　50％
b　70％

c　80%
d　100%

【119】品質管理における欧米のアプローチの特徴はどれか。

a　ボトムアップ
b　生産者重視
c　供給者重視
d　契約

【120】トレーサビリティの定義を表すものはどれか。

a　テクニカルレビュー(デザインレビュー）をすること
b　WPSを承認すること
c　記録により，さかのぼって追跡できること
d　顧客が品質に対して満足すること

次の設問【121】～【125】は溶接管理技術者の任務について述べている。正しいものを１つ選び，マークシートの解答欄の該当箇所にマークせよ。

【121】材料管理に関わる任務はどれか。

a　溶接継手の非破壊検査
b　母材部の品質及び合否判定基準の決定
c　パスごとの溶接金属表面の清掃
d　切断部材の識別管理

【122】生産計画の立案に関わる任務はどれか。

a　構造設計強度のレビュー
b　溶接順序の決定
c　溶接技能者の適格性確認
d　作業記録の作成

【123】溶接施工要領の策定において，製造品質面で考慮すべきものはどれか。

a　鋼材選定
b　立会検査員選定
c　溶接作業管理
d　溶接技能者育成計画

【124】試験・検査に関わる任務はどれか。

a　溶接継手位置の決定
b　溶接技能者の教育
c　溶接作業指示書の発行
d　溶接変形矯正方法の決定

【125】溶接結果の評価に関わる任務はどれか。

a　溶接補修の要否判断
b　溶接順序の決定
c　非破壊検査記録の作成
d　寸法記録の作成

次の設問【126】～【130】は溶接入熱および冷却速度について述べている。正しい

ものを１つ選び，マークシートの解答欄の該当箇所にマークせよ。

【126】溶接入熱の計算に必要なのはどれか。

a　アーク電圧，溶接速度，板厚
b　アーク電圧，溶接速度，溶接電流
c　アーク電圧，溶接電流，板厚
d　溶接電流，溶接速度，板厚

【127】溶接入熱に反比例するのはどれか。

a　アーク電圧
b　溶接速度
c　板厚
d　溶接電流

【128】他の条件を一定として，溶接電流を２倍にすると溶接入熱は何倍となるか。

a　1/4倍
b　1/2倍
c　２倍
d　４倍

【129】被覆アーク溶接の溶接金属量は次のどれにほぼ比例するか。

a　溶接入熱の逆数
b　溶接入熱
c　溶接入熱の平方根
d　溶接入熱の２乗

【130】溶接入熱が同じ場合，突合せ溶接とT形すみ肉溶接との冷却速度の比較で，正しいのはどれか。

a　突合せ溶接の冷却速度＞T形すみ肉溶接の冷却速度
b　突合せ溶接の冷却速度＝T形すみ肉溶接の冷却速度
c　突合せ溶接の冷却速度＜T形すみ肉溶接の冷却速度
d　どちらの冷却速度が速いかは，溶接長さに依存する

次の設問【131】～【135】は溶接コストおよび生産性について述べている。正しいものを１つ選び，マークシートの解答欄の該当箇所にマークせよ。

【131】溶接コストの構成で正しいのはどれか。

a　溶接材料費と溶接設備使用費
b　溶接労務費と溶接設備使用費
c　溶接労務費と溶接材料費
d　溶接労務費，溶接材料費および溶接設備使用費

【132】溶接コストの低減に最も役立つのはどれか。

a　開先精度の緩和
b　被覆アーク溶接の適用拡大
c　大ブロック化
d　上向溶接の適用拡大

【133】溶接コストに最も大きく関わるのはどれか。

a　溶接機の定格使用率
b　溶接作業環境
c　溶接施工方法
d　溶接機台数

【134】溶接の生産性を定義する投入（インプット）に該当するのはどれか。

a　溶接機台数
b　生産量
c　溶接長
d　製品個数

【135】溶接の生産性を定義する産出（アウトプット）に該当するのはどれか。

a　溶接機台数
b　溶接材料
c　溶接長
d　溶接技能者数

次の設問【136】～【140】は低水素系被覆アーク溶接棒の管理について述べている。正しいものを１つ選び，マークシートの解答欄の該当箇所にマークせよ。

【136】溶接棒を乾燥させる主目的はどれか。

a　低温割れの防止
b　高温割れの防止
c　溶込不良の防止
d　ヒュームの低減

【137】溶接棒の乾燥温度はどれか。

a　50～100℃
b　150～200℃
c　300～400℃
d　500～600℃

【138】溶接棒の乾燥時間はどれか。

a　５～10分
b　30～60分
c　100～150分
d　200～300分

【139】溶接棒の乾燥後に使用する保管容器の標準的な温度はどれか。

a　50～100℃
b　100～150℃
c　150～250℃
d　250～350℃

【140】高張力鋼用溶接棒の大気中での標準的な許容放置時間はどれか。

a　２時間
b　５時間
c　10時間
d　20時間

次の設問【141】～【145】はSM490鋼突合せ継手（板厚25mm）のタック溶接について述べている。正しいものを１つ選び，マークシートの解答欄の該当箇所にマークせよ。

【141】タック溶接の目的はどれか。
- a　残留応力の低減
- b　低温割れの防止
- c　溶落ちの防止
- d　部材の定位置確保

【142】タック溶接に使われる溶接法はどれか。
- a　サブマージアーク溶接
- b　プラズマアーク溶接
- c　マグ溶接
- d　スタッド溶接

【143】タック溶接の標準的な最小ビード長さはどれか。
- a　10～20mm
- b　40～50mm
- c　100～120mm
- d　150～200mm

【144】低水素系被覆アーク溶接棒を用いたタック溶接時の標準的な予熱温度はどれか。
- a　25℃
- b　50℃
- c　80℃
- d　150℃

【145】タック溶接の最小ビード長さが規定されている理由はどれか。
- a　溶落ち防止
- b　溶接変形防止
- c　低温割れ防止
- d　高温割れ防止

次の設問【146】～【150】は予熱，パス間温度および直後熱について述べている。正しいものを１つ選び，マークシートの解答欄の該当箇所にマークせよ。

【146】予熱の効果はどれか。
- a　スラグはく離性の改善
- b　組織の微細化
- c　鋭敏化の防止
- d　拡散性水素の放出促進

【147】予熱温度を高くすると熱影響部の最高硬さはどうなるか。
- a　低くなる
- b　変わらない
- c　高くなる
- d　低くなる場合と高くなる場合がある

【148】多層溶接で，溶接部のじん性低下を抑制する対策はどれか。

a　溶接入熱を増やしてパス数を減らす
b　予熱温度を上げる
c　直後熱を行う
d　パス間温度の上限を規定する

【149】直後熱の目的はどれか。

a　じん性を向上させる
b　残留応力を緩和する
c　低温割れを防止する
d　強度を向上させる

【150】直後熱の一般的な温度はどれか。

a　50～100℃
b　100～150℃
c　200～350℃
d　550～650℃

次の設問【151】～【155】はマグ溶接について述べている。正しいものを１つ選び，マークシートの解答欄の該当箇所にマークせよ。

【151】一般に用いられるシールドガス流量はどれか。

a　１～5L/分
b　15～25L/分
c　40～60L/分
d　80～100L/分

【152】被覆アーク溶接と比較して，マグ溶接のパス数と角変形はどうなるか。

a　パス数が多く，角変形は小さくなる
b　パス数が多く，角変形は大きくなる
c　パス数が少なく，角変形は小さくなる
d　パス数が少なく，角変形は大きくなる

【153】溶接電流・溶接速度を一定にして，アーク電圧を高くするとどうなるか。

a　ビード幅は狭く，余盛が低くなる
b　ビード幅は狭く，余盛が高くなる
c　ビード幅は広く，余盛が低くなる
d　ビード幅は広く，余盛が高くなる

【154】梨形（ビード）割れの防止策として最も有効なのはどれか。

a　開先角度を小さくする
b　開先角度を大きくする
c　余盛を高くする
d　ビード幅を狭くする

【155】多層溶接で融合不良を防止する対策はどれか。

a　ビード形状が凸とならないようにする
b　シールドガス流量を少なくする
c　開先角度を狭くする

d　短絡移行形態で溶接する

次の設問【156】～【160】は溶接後熱処理（PWHT）について述べている。正しいものを１つ選び，マークシートの解答欄の該当箇所にマークせよ。

【156】鋼のPWHTで効果がないのはどれか。

a　残留応力の緩和
b　溶接部のじん性向上
c　HAZ硬化部の軟化
d　継手強度の向上

【157】PWHTで防止できる割れはどれか。

a　応力腐食割れ（SCC）
b　梨形（ビード）割れ
c　ラメラテア
d　再熱割れ

【158】PWHT（JIS Z 3700）において，鋼材（母材）の種類により決まるのはどれか。

a　炉入れ・炉から取出し時の炉内温度
b　最小保持時間
c　保持時間中の被加熱部全体にわたる温度差
d　最低保持温度

【159】PWHT（JIS Z 3700）において，板厚により決まるのはどれか。

a　炉入れ・炉から取出し時の炉内温度
b　最小保持時間
c　保持時間中の被加熱部全体にわたる温度差
d　最低保持温度

【160】PWHTが通常要求されない材料はどれか。

a　炭素鋼
b　Cr-Mo鋼
c　3.5%Ni鋼
d　SUS304

次の設問【161】～【165】は溶接欠陥とその対策について述べている。正しいものを１つ選び，マークシートの解答欄の該当箇所にマークせよ。

【161】低温割れが最も発生しにくい溶接法はどれか。

a　セルフシールドアーク溶接
b　ソリッドワイヤを用いたマグ溶接
c　ライムチタニア系溶接棒を用いた被覆アーク溶接
d　高セルロース系溶接棒を用いた被覆アーク溶接

【162】マグ溶接の初層に生じやすい高温割れはどれか。

a　再熱割れ
b　ラメラテア
c　止端割れ

d　梨形（ビード）割れ

【163】再熱割れの防止策はどれか。

a　大入熱で溶接する
b　小入熱で溶接する
c　溶接後熱処理（PWHT）を行う
d　CrやMoを含む母材を選択する

【164】ラメラテアが最も生じやすい継手はどれか。

a　薄板のT継手
b　厚板の十字継手
c　薄板の突合せ継手
d　厚板の突合せ継手

【165】サブマージアーク溶接における最も有効なアンダカット防止策はどれか。

a　溶接電流の低減
b　溶接電流の増加
c　アーク電圧の増加
d　溶接速度の増加

次の設問【166】～【170】は溶接継手の非破壊試験について述べている。正しいものを１つ選び，マークシートの解答欄の該当箇所にマークせよ。

【166】アンダカットの深さの計測に適している試験はどれか。

a　磁粉探傷試験
b　超音波探傷試験
c　放射線透過試験
d　外観試験

【167】融合不良の検出に適している試験はどれか。

a　磁粉探傷試験
b　超音波探傷試験
c　浸透探傷試験
d　放射線透過試験

【168】角変形の測定に用いるゲージはどれか。

a　ひずみゲージ
b　すきまゲージ
c　テーパゲージ
d　デプスゲージ

【169】母材のラメラテアの検出に適している試験はどれか。

a　超音波探傷試験
b　浸透探傷試験
c　磁粉探傷試験
d　放射線透過試験

【170】表面欠陥と内部欠陥の検出に適した試験の組合せはどれか。

a　放射線透過試験と超音波探傷試験

b　浸透探傷試験と超音波探傷試験
c　外観試験と磁粉探傷試験
d　磁粉探傷試験と渦電流探傷試験

次の設問【171】～【175】は放射線透過試験と超音波探傷試験について述べている。正しいものを１つ選び，マークシートの解答欄の該当箇所にマークせよ。

【171】ブローホールはX線フィルム上にどのように写るか。
a　周囲に比べて白く直線状に写る
b　周囲に比べて黒く直線状に写る
c　周囲に比べて白く円形状に写る
d　周囲に比べて黒く円形状に写る

【172】試験材を透過した放射線強度の正しい記述はどれか。
a　試験材が厚いほど弱くなる
b　試験材が厚いほど強くなる
c　試験材が薄いほど弱くなる
d　試験材の厚さに関係なく同じである

【173】超音波の進行方向に対して，検出しやすい欠陥はどれか。
a　平行方向の欠陥
b　垂直方向の欠陥
c　45°傾斜した方向の欠陥
d　60°傾斜した方向の欠陥

【174】通常の超音波探傷器の基本表示（Aスコープ）画面の縦軸と横軸は何か。
a　縦軸は受信エコーの大きさ，横軸は探触子の位置
b　縦軸は探触子の位置，横軸は超音波の伝搬距離
c　縦軸は超音波の伝搬距離，横軸は探触子の位置
d　縦軸は受信エコーの大きさ，横軸は超音波の伝搬距離

【175】放射線透過試験が超音波探傷試験よりも優れているのはどれか。
a　割れ深さ位置の推定
b　欠陥種類の判別
c　厚板材料の探傷
d　柱・梁溶接部の検査

次の設問【176】～【180】は浸透探傷試験と磁粉探傷試験について述べている。正しいものを１つ選び，マークシートの解答欄の該当箇所にマークせよ。

【176】高張力鋼溶接部の微細な表面割れの検出に最も適している試験はどれか。
a　水洗性浸透液を用いた浸透探傷試験
b　溶剤除去性浸透液を用いた浸透探傷試験
c　プロッド法を用いた磁粉探傷試験
d　極間法を用いた磁粉探傷試験

【177】浸透探傷試験で浸透液塗布後の標準的な浸透時間（放置時間）はどれか。
a　１分未満
b　１～３分

c　５～20分
d　60分以上

【178】浸透探傷試験についての記述で正しいのはどれか。

a　前処理が不要である
b　きずの方向の影響を受けない
c　表面温度の影響を受けない
d　きずの深さが推定できる

【179】磁粉探傷試験が適用できる材料はどれか。

a　アルミニウム合金
b　オーステナイト系ステンレス鋼
c　Cr-Mo鋼
d　チタン合金

【180】磁粉探傷試験で，最も微細な欠陥を検出できる磁粉はどれか。

a　白色磁粉
b　黒色磁粉
c　蛍光磁粉
d　非蛍光磁粉

次の設問【181】～【185】は感電防止について述べている。正しいものを１つ選び，マークシートの解答欄の該当箇所にマークせよ。

【181】電撃防止装置の使用が義務付けられている溶接法はどれか。

a　狭あい場所でのティグ溶接
b　狭あい場所での半自動マグ溶接
c　高所での交流アーク溶接
d　高所での半自動マグ溶接

【182】電撃防止装置で遅動時間が設定されている理由はどれか。

a　溶接電源の保護のため
b　溶接棒ホルダの絶縁確保のため
c　被覆アーク溶接棒と溶接棒ホルダとの絶縁維持のため
d　クレータ処理などの作業を円滑に行うため

【183】電撃防止装置を使用していないアーク溶接の感電災害についての正しい記述はどれか。

a　アークを発生していない時は，発生している時よりも感電の危険性は高い
b　アークを発生していない時は，発生している時よりも感電の危険性は低い
c　アークを発生していない時も，発生している時も感電の危険性は高い
d　アーク溶接の場合，感電の危険はほとんどない

【184】感電防止に有効な個人用保護具はどれか。

a　保護メガネ
b　防じんマスク
c　溶接用かわ製保護手袋
d　溶接用保護面

【185】感電防止に有効な方法はどれか。

a　マグ溶接を被覆アーク溶接に替える
b　被覆アーク溶接をマグ溶接に替える
c　定格出力の大きな溶接電源を用いる
d　溶接ケーブルを太いものに交換する

次の設問【186】～【190】は溶接ヒュームおよび有害ガスからの保護について述べている。正しいものを１つ選び，マークシートの解答欄の該当箇所にマークせよ。

【186】次の溶接作業の中で粉じん作業はどれか。

a　電子ビーム溶接
b　抵抗溶接
c　摩擦攪拌接合
d　半自動マグ溶接

【187】じん肺法では，管理区分１の者は，定期的なじん肺健康診断が義務付けられている。その頻度は，何年以内ごとに1回か。

a　１年
b　２年
c　３年
d　５年

【188】亜鉛，銅などを含むヒュームによって発症する急性症状はどれか。

a　気胸
b　金属熱
c　化学性肺炎
d　じん肺

【189】ヒューム発生量が最も多い溶接法はどれか。

a　セルフシールドアーク溶接
b　マグ溶接
c　ティグ溶接
d　サブマージアーク溶接

【190】酸素濃度が18％未満の場合，有効な呼吸用保護具はどれか。

a　半面形防じんマスク
b　全面形防じんマスク
c　送気マスク
d　電動ファン付き呼吸用保護具

次の設問【191】～【195】は溶接作業での安全・衛生について述べている。正しいものを１つ選び，マークシートの解答欄の該当箇所にマークせよ。

【191】換気装置のない狭あいな場所でマグ溶接を長時間行った場合，二酸化炭素はどうなるか。

a　作業空間の上部に滞留する
b　作業空間の下部に滞留する
c　作業空間の中央部に滞留する

d　作業空間全体に均一に拡散する

【192】水素ガス容器の識別色はどれか。

a　赤色
b　かっ色
c　緑色
d　黒色

【193】酸素ガス容器の識別色はどれか。

a　赤色
b　かっ色
c　緑色
d　黒色

【194】空気との混合物で，爆発限界の範囲が最も広い燃料ガスはどれか。

a　水素
b　アセチレン
c　プロパン
d　天然ガス

【195】熱中症が疑われる場合の応急措置として，適切でないものはどれか。

a　衣服を緩めたり，体に水をかけたりする
b　その場に留め，急に移動させない
c　スポーツドリンクや塩あめを与える
d　意識障害が起こっている場合，病院に搬送する

次の設問【196】～【200】は各種光線について述べている。正しいものを１つ選び，マークシートの解答欄の該当箇所にマークせよ。

【196】眼に照射されると電気性眼炎を起こしやすい光線はどれか。

a　赤外線
b　紫外線
c　青光（ブルーライト）
d　X線

【197】眼に強く照射されると網膜炎を起こしやすい光線はどれか。

a　赤外線
b　紫外線
c　青光（ブルーライト）
d　X線

【198】眼に照射されると角膜損傷を起こしやすいレーザ光線はどれか。

a　CO_2レーザ
b　YAGレーザ
c　ファイバーレーザ
d　半導体レーザ（LDレーザ）

【199】白内障が生じる可能性が最も高いのはどれか。

a　短時間のアーク光の照射

b　長時間のアーク光の照射
c　短時間の紫外線の照射
d　長時間のブルーライトの照射

【200】フィルタを２枚重ねて遮光度12相当とする適切な組合せはどれか。
a　遮光度５＋遮光度６
b　遮光度６＋遮光度６
c　遮光度６＋遮光度７
d　遮光度７＋遮光度７

●2021年６月６日出題　２級試験問題●

解答例

【1】b,【2】d,【3】a,【4】c,【5】d,【6】a,【7】c,【8】b,
【9】d,【10】b,【11】b,【12】d,【13】b,【14】a,【15】a,【16】a,
【17】b,【18】b,【19】b,【20】d,【21】d,【22】c,【23】d,【24】c,
【25】a,【26】a,【27】d,【28】c,【29】b,【30】d,【31】b,【32】d,
【33】d,【34】d,【35】c,【36】b,【37】c,【38】a,【39】b,【40】d,
【41】a,【42】b,【43】c,【44】d,【45】c,【46】c,【47】b,【48】d,
【49】a,【50】b,【51】c,【52】c,【53】b,【54】d,【55】b,【56】c,
【57】b,【58】c,【59】b,【60】b,【61】a,【62】b,【63】c,【64】b,
【65】b,【66】c,【67】a,【68】a,【69】b,【70】d,【71】c,【72】b,
【73】a,【74】c,【75】a,【76】a,【77】b,【78】a,【79】d,【80】c,
【81】a,【82】c,【83】c,【84】b,【85】a,【86】a,【87】c,【88】d,
【89】c,【90】b,【91】b,【92】c,【93】d,【94】c,【95】c,【96】a,
【97】c,【98】b,【99】b,【100】c,【101】a,【102】c,【103】b,【104】d,
【105】a,【106】b,【107】a,【108】a,【109】a,【110】b,【111】b,【112】c,
【113】b,【114】a,【115】a,【116】b,【117】a,【118】d,【119】d,【120】c,
【121】d,【122】b,【123】c,【124】d,【125】a,【126】b,【127】b,【128】c,
【129】b,【130】c,【131】d,【132】c,【133】c,【134】a,【135】c,【136】a,
【137】c,【138】b,【139】b,【140】a,【141】d,【142】c,【143】b,【144】c,
【145】c,【146】d,【147】a,【148】d,【149】c,【150】c,【151】b,【152】c,
【153】c,【154】b,【155】a,【156】d,【157】a,【158】d,【159】b,【160】d,
【161】b,【162】d,【163】b,【164】b,【165】a,【166】d,【167】b,【168】c,
【169】a,【170】b,【171】d,【172】a,【173】b,【174】d,【175】b,【176】d,
【177】c,【178】b,【179】c,【180】c,【181】c,【182】d,【183】a,【184】c,
【185】b,【186】d,【187】c,【188】b,【189】a,【190】c,【191】b,【192】a,
【193】d,【194】b,【195】b,【196】b,【197】c,【198】a,【199】b,【200】c

●2020年11月１日出題●

２級試験問題

次の設問【１】～【５】は溶接用語について述べている。正しいものを１つ選び，マークシートの解答欄の該当箇所にマークせよ。

【１】アークが軸方向（電極延長線方向）に発生しようとする性質を何というか。

a　アークの硬直性
b　アークの直線性
c　アークの点弧性
d　アークの導電性

【２】アーク柱中心部の軸方向の圧力差によって生じるガスの流れを何というか。

a　アークブロー
b　アーク力
c　プラズマ気流
d　電磁対流

【３】冷却によってアークが断面収縮しようとする作用を何というか。

a　アークの反力
b　電磁ピンチ効果
c　熱的ピンチ効果
d　電磁対流

【４】ワイヤ先端部の溶滴断面を減少させようとする力を何というか。

a　熱的ピンチ力
b　電磁ピンチ力
c　アークの反力
d　アーク圧力

【５】電流によって生じる磁気が，アーク柱に対して著しく非対称に作用した場合に生じるアークの偏向現象を何というか。

a　アークの反力
b　電磁ピンチ力
c　磁気吹き
d　アークの押上げ作用

次の設問【６】～【10】は溶接法の名称について述べている。正しいものを１つ選び，マークシートの解答欄の該当箇所にマークせよ。

【６】突合せた部材の一方（又は両方）を回転させて接合部を軟化させ，軟化後，さらに強い力を加える溶接法はどれか。

a　アプセット溶接
b　フラッシュ溶接
c　摩擦溶接

d　シーム溶接

【7】アルミニウム合金の溶接に用いられる溶極式溶接法はどれか。

a　ティグ溶接
b　プラズマアーク溶接
c　ミグ溶接
d　マグ溶接

【8】シールドガスに活性ガスを用いるアーク溶接法はどれか。

a　ティグ溶接
b　プラズマアーク溶接
c　マグ溶接
d　被覆アーク溶接

【9】定電圧特性の溶接電源を用いる溶極式溶接法はどれか。

a　ティグ溶接
b　マグ溶接
c　被覆アーク溶接
d　プラズマアーク溶接

【10】小径のツールを回転させながら移動して接合する溶接法はどれか。

a　プロジェクション溶接
b　超音波圧接
c　シーム溶接
d　摩擦攪拌接合

次の設問【11】～【15】は，溶極（消耗電極）式ガスシールドアーク溶接について述べている。正しいものを1つ選び，マークシートの解答欄の該当箇所にマークせよ。

【11】シールドガスに80%アルゴンと20%炭酸ガスの混合ガスを用いるマグ溶接の小電流・低電圧域での溶滴移行形態はどれか。

a　スプレー移行
b　ドロップ移行
c　短絡移行
d　反発移行

【12】シールドガスに100%炭酸ガスを用いるマグ溶接の大電流・高電圧域での溶滴移行形態はどれか。

a　スプレー移行
b　ドロップ移行
c　短絡移行
d　反発移行

【13】シールドガスに100%アルゴンを用いるミグ溶接の中電流・中電圧域で生じる溶滴移行形態はどれか。

a　スプレー移行
b　ドロップ移行

c　短絡移行
d　反発移行

【14】アークの安定化を目的として，ステンレス鋼の溶接でアルゴンに2～5％程度添加されるガスはどれか。

a　ヘリウム
b　酸素
c　窒素
d　水素

【15】シールドガスに100％アルゴンを用いたミグ溶接で安定なアーク状態が得られる材料はどれか。

a　軟鋼
b　低合金鋼
c　高張力鋼
d　アルミニウム合金

次の設問【16】～【20】は溶接条件因子の影響について述べている。正しいものを１つ選び，マークシートの解答欄の該当箇所にマークせよ。

【16】アーク電圧と溶接速度を一定にして，溶接電流を増加させるとどうなるか。

a　ビード幅が減少し，溶込み深さが増加する
b　ビード幅が増加し，溶込み深さが減少する
c　ビード幅，溶込み深さともに増加する
d　ビード幅は変化せず，余盛高さが高くなる

【17】溶接電流と溶接速度を一定にして，アーク電圧を高くするとどうなるか。

a　ビード幅が減少し，溶込み深さが増加する
b　ビード幅が増加し，溶込み深さが減少する
c　ビード幅は変化せず，溶込み深さが増加する
d　ビード幅は変化せず，余盛高さが高くなる

【18】溶接電流とアーク電圧を一定にして，溶接速度を遅くするとどうなるか。

a　ビード幅が減少し，溶込み深さが増加する
b　ビード幅が増加し，溶込み深さが減少する
c　ビード幅，溶込み深さともに増加する
d　ビード幅は変化せず，余盛高さが高くなる

【19】小電流溶接で，溶接速度を速くした場合に生じるのはどれか。

a　溶落ち
b　溶込不良
c　アンダカット
d　オーバラップ

【20】大電流溶接で，溶接速度を速くした場合に生じるのはどれか。

a　溶落ち
b　融合不良
c　アンダカット
d　オーバラップ

次の設問【21】～【25】はパルスティグ溶接について述べている。正しいものを1つ選び，マークシートの解答欄の該当箇所にマークせよ。

【21】電流変化についての正しい記述はどれか。

a　パルス電流と平均電流とを所定の期間で交互に繰返す
b　パルス電流と実効電流とを所定の期間で交互に繰返す
c　パルス電流とベース電流とを所定の期間で交互に繰返す
d　パルス電流とピーク電流とを所定の期間で交互に繰返す

【22】通電される大電流の名称はどれか。

a　パルス電流
b　ベース電流
c　平均電流
d　実効電流

【23】小電流を通電する期間の名称はどれか。

a　パルス期間
b　ベース期間
c　低周波期間
d　アーク期間

【24】低周波パルスティグ溶接の効果はどれか。

a　小電流アークの硬直性向上
b　ガスシールド性能の改善
c　母材への入熱制御
d　アークの再点弧性改善

【25】中周波パルスティグ溶接の効果はどれか。

a　小電流アークの硬直性向上
b　ガスシールド性能の改善
c　母材への入熱制御
d　アークの再点弧性改善

次の設問【26】～【30】はマグ溶接について述べている。正しいものを1つ選び，マークシートの解答欄の該当箇所にマークせよ。

【26】溶接トーチのケーブルを接続する電源端子はどれか。

a　電源に設けたアース端子
b　プラス側出力端子
c　マイナス側出力端子
d　プラス側かマイナス側かのどちらの出力端子でもよい

【27】遠隔操作箱（リモコンボックス）の電流調整つまみを操作して変化させるのはどれか。

a　ワイヤ送給速度
b　入力電流
c　入力電圧
d　出力電圧

【28】溶接電源の特性はどれか。

a　直流定電流特性
b　直流定電圧特性
c　交流垂下特性
d　交流定電流特性

【29】アーク長の変動に応じて自動的に変化するのはどれか。

a　出力電圧
b　無負荷電圧
c　溶接電流
d　短絡電流

【30】アーク長を一定に保つ作用はどれか。

a　アークのクリーニング作用
b　アークの電磁ピンチ作用
c　電源の自己制御作用
d　電源のフィードフォワード制御作用

次の設問【31】～【35】は溶接用センサについて述べている。正しいものを１つ選び，マークシートの解答欄の該当箇所にマークせよ。

【31】アークセンサの機能はどれか。

a　溶接線を検出する
b　溶接開始位置を認識する
c　アーク発生時間を検出する
d　ワイヤ送給速度を検出する

【32】アークセンサで利用しているものはどれか。

a　溶接速度
b　ワイヤ送給速度
c　溶接電流
d　短絡回数

【33】アークセンサを用いて下向姿勢でマグ溶接をする場合，Ｖ開先内で溶接トーチを揺動させる方向はどれか。

a　溶接線に垂直な上下方向
b　溶接線に平行な方向
c　溶接線に直角な左右方向
d　開先面に沿った方向

【34】カメラを利用して溶接時の情報を得るセンサはどれか。

a　光センサ
b　アークセンサ
c　ワイヤタッチセンサ
d　音センサ

【35】アーク溶接の溶接線検知に用いられないものはどれか。

a　光センサ
b　アークセンサ

c　ワイヤタッチセンサ
d　音センサ

次の設問【36】～【40】はプラズマ切断について述べている。正しいものを1つ選び，マークシートの解答欄の該当箇所にマークせよ。

【36】アークを拘束するトーチ部品はどれか。
a　シールドキャップ
b　ノズル（ノズル電極）
c　コンタクトチップ
d　コレット

【37】作動ガス（プラズマガス）としてアルゴンを用いる場合に利用する熱はどれか。
a　化学反応熱
b　アーク熱
c　アーク熱と化学反応熱
d　摩擦熱

【38】作動ガスにアルゴンを用いる場合の電極材料はどれか。
a　鋼
b　タングステン
c　ハフニウム
d　炭素

【39】作動ガスとして空気を用いる場合に利用する熱はどれか。
a　化学反応熱
b　アーク熱
c　アーク熱と化学反応熱
d　摩擦熱

【40】作動ガスに空気を用いる場合の電極材料はどれか。
a　銅
b　タングステン
c　ハフニウム
d　炭素

次の設問【41】～【45】は鋼について述べている。正しいものを1つ選び，マークシートの解答欄の該当箇所にマークせよ。

【41】低炭素鋼の炭素含有量の上限はどれか。
a　0.1%
b　0.3%
c　0.5%
d　0.7%

【42】炭素鋼におけるフェライトとセメンタイトの層状の混合組織はどれか。
a　ベイナイト
b　マルテンサイト

c　パーライト
d　オーステナイト

【43】軟鋼を1000℃に加熱・保持したときの組織はどれか。

a　フェライト
b　パーライト
c　オーステナイト
d　マルテンサイト

【44】軟鋼を1000℃から室温まで徐冷したときに観察される組織はどれか。

a　フェライトとパーライト
b　パーライトとオーステナイト
c　マルテンサイトとオーステナイト
d　オーステナイトとフェライト

【45】軟鋼を1000℃から室温まで急冷したときに生成する組織はどれか。

a　フェライト
b　パーライト
c　オーステナイト
d　マルテンサイト

次の設問【46】～【50】は鋼の熱処理について述べている。正しいものを１つ選び，マークシートの解答欄の該当箇所にマークせよ。

【46】組織を微細化するために，オーステナイト温度域から空冷する処理はどれか。

a　焼なまし
b　焼入れ
c　焼ならし
d　焼戻し

【47】硬さや強度を増すために，オーステナイト温度域から急冷する処理はどれか。

a　焼なまし
b　焼入れ
c　焼ならし
d　焼戻し

【48】オーステナイト温度域から急冷処理後，じん性を向上させるため600℃程度の温度に再加熱し，空冷する処理はどれか。

a　焼なまし
b　焼入れ
c　焼ならし
d　焼戻し

【49】A_3温度より約50℃高い温度に加熱して，一様なオーステナイト組織にした後，炉中で徐冷する処理はどれか。

a　焼なまし
b　焼入れ
c　焼ならし

d　焼戻し

【50】温度や圧下量を適正に制御した圧延を行い，引き続き加速冷却して機械的性質を改善する処理はどれか。

a　固溶化熱処理
b　安定化熱処理
c　加工熱処理（熱加工制御）
d　サブゼロ処理（深冷処理）

次の設問【51】～【55】は鋼材規格について述べている。正しいものを１つ選び，マークシートの解答欄の該当箇所にマークせよ。

【51】JIS鋼材規格の材料記号SS400で，記号SSの後に続く数字が表すものはどれか。

a　硬さ
b　引張強さ
c　疲れ強さ
d　降伏点または耐力

【52】一般構造用圧延鋼材SS400の化学成分で規定されているものはどれか。

a　炭素当量（Ceq）
b　C量
c　SiおよびMn量
d　SおよびP量

【53】溶接構造用圧延鋼材SM490A，B，Cの３種類で規定が異なるものはどれか。

a　引張強さ
b　降伏点または耐力
c　シャルピー吸収エネルギー
d　疲れ強さ

【54】溶接構造用圧延鋼材SM材には規定がなくて，建築構造用圧延鋼材SN400B，Cに規定されているのはどれか。

a　硬さ
b　引張強さ
c　炭素量
d　降伏比

【55】建築構造用圧延鋼材SN400A，Bには規定がなくて，SN400Cのみに規定されているのはどれか。

a　板厚方向の絞り値
b　降伏点または耐力
c　シャルピー吸収エネルギー
d　疲れ強さ

次の設問【56】～【60】は各種鋼材について述べている。正しいものを１つ選び，マークシートの解答欄の該当箇所にマークせよ。

【56】一般に，高張力鋼の引張強さはいくら以上か。

a　350N/mm^2
b　490N/mm^2
c　570N/mm^2
d　780N/mm^2

【57】低温用鋼で特に重視される特性はどれか。

a　引張強さ
b　絞り
c　じん性
d　耐食性

【58】前問【57】の特性を確保するため，低温用鋼に添加される合金元素はどれか。

a　Cr
b　Ni
c　Si
d　C

【59】高温用鋼で特に重視される特性はどれか。

a　制振性
b　座屈強さ
c　クリープ強さ
d　破断伸び

【60】前問【59】の特性を確保するため，高温用鋼に添加される合金元素はどれか。

a　ZnとPb
b　CrとMo
c　MgとCa
d　AlとCu

次の設問【61】～【65】は鋼材の溶接熱影響部について述べている。正しいものを１つ選び，マークシートの解答欄の該当箇所にマークせよ。

【61】1250℃以上に加熱され，ぜい化や硬化が生じやすい領域はどれか。

a　粗粒域
b　細粒域
c　部分変態域（二相加熱域）
d　母材原質域

【62】A_3温度直上に加熱されて変態が生じ，じん性が良好な領域はどれか。

a　粗粒域
b　細粒域
c　部分変態域（二相加熱域）
d　母材原質域

【63】A_3～A_1温度に加熱された領域はどれか。

a　粗粒域
b　細粒域

c　部分変態域（二相加熱域）
d　母材原質域

【64】溶接熱影響部の最高硬さに及ぼす化学組成の影響を表す指標はどれか。

a　化学当量
b　Cr当量
c　Ni当量
d　炭素当量

【65】多パス溶接と１パス溶接の熱影響部を比較したとき，正しい記述はどれか。

a　多パス溶接の熱影響部の方が，硬さが高い場合が多い
b　多パス溶接の熱影響部の方が，じん性に優れる場合が多い
c　両者の熱影響部の機械的性質には差がない
d　両者の熱影響部の金属組織には差がない

次の設問【66】～【70】は溶接入熱と冷却速度について述べている。正しいものを１つ選び，マークシートの解答欄の該当箇所にマークせよ。

【66】板厚20mmの鋼板を，溶接電流200A，アーク電圧25V，溶接速度30cm/分，パス間温度200℃でマグ溶接したときの溶接入熱はいくらか。

a　1,000J/cm
b　2,000J/cm
c　5,000J/cm
d　10,000J/cm

【67】炭素鋼溶接部の冷却時間を定量的に表す指標に用いられる温度範囲はどれか。

a　1400℃～1100℃
b　1100℃～800℃
c　800℃～500℃
d　500℃～200℃

【68】溶接部の冷却速度について，正しい記述はどれか。

a　溶接入熱が小さくなると，溶接部の冷却速度は速くなる
b　予熱・パス間温度が高くなると，溶接部の冷却速度は速くなる
c　板厚が厚い溶接ほど，溶接部の冷却速度は遅くなる
d　溶接部の冷却速度は，材質や継手形状に依存しない

【69】炭素鋼の溶接において，溶接入熱が過大となると，どうなるか。

a　結晶粒が粗大化し，溶接部のぜい化をまねく
b　結晶粒が細粒化し，強度の低下をまねく
c　溶接熱影響部の硬さが高くなり，延性が低下する
d　溶接継手の機械的特性には影響しない

【70】高張力鋼の溶接において，溶接入熱が過小となると，どうなるか。

a　結晶粒が粗大化し，溶接部のぜい化をまねく
b　結晶粒が細粒化し，強度の低下をまねく
c　溶接熱影響部の硬さが高くなり，延性が低下する
d　溶接継手の機械的特性には影響しない

次の設問【71】～【75】は溶接部の欠陥および割れについて述べている。正しいものを１つ選び，マークシートの解答欄の該当箇所にマークせよ。

【71】溶融したフラックスが浮上しきれないで，溶接金属内または融合部に残存した欠陥はどれか。

a　スラグ巻込み
b　ポロシティ
c　オーバラップ
d　アンダカット

【72】ブローホールについて正しいのはどれか。

a　溶接金属へのガス成分の溶解度が大きいほど発生しやすい
b　溶接入熱を小さくし，凝固速度を速くすると発生しにくくなる
c　溶融金属の凝固過程で溶接金属内に発生する
d　溶接後熱処理したとき溶接熱影響部に発生する

【73】溶融金属が最後に凝固した位置に生じる割れはどれか。

a　液化割れ
b　延性低下割れ
c　遅れ割れ
d　凝固割れ

【74】溶融境界部において発生し，低融点不純物の局部溶融によって生じる割れはどれか。

a　凝固割れ
b　液化割れ
c　延性低下割れ
d　再熱割れ

【75】溶接後熱処理などの熱処理を加えた場合に，溶融境界部の溶接熱影響部に生じる割れはどれか。

a　再熱割れ
b　遅れ割れ
c　延性低下割れ
d　ラメラテア

次の設問【76】～【80】は下図に示すSM490鋼の低温割れと予熱温度について述べている。正しいものを１つ選び，マークシートの解答欄の該当箇所にマークせよ。

【76】低温割れの主たる発生要因は３つある。下記のうち，該当しないものはどれか。

a　溶接部に侵入した拡散性水素
b　硬化組織の生成
c　低融点液膜の形成
d　継手の拘束度（応力）

【77】右図の横軸中に含まれるP_{CM}は何と呼ばれるか。

a　化学当量
b　炭素当量

c　焼戻パラメータ
d　溶接割れ感受性組成

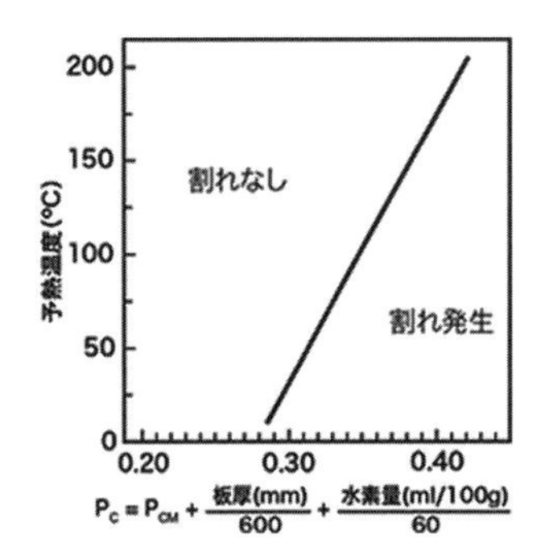

【78】P_{CM} = 0.25の板厚36mmの鋼材を用いて，溶着金属の水素量2.4ml/100gの溶接棒による被覆アーク溶接を行う場合，上図の横軸のP_C値はいくらと計算されるか。

a　0.25
b　0.3
c　0.35
d　0.4

【79】前問【78】の場合，低温割れを防止する最低予熱温度は何℃か。

a　50℃
b　100℃
c　150℃
d　200℃

【80】予熱を行うと低温割れが防止できるのはなぜか。

a　冷却速度が遅くなり，溶接部の硬化を抑制し，水素の拡散・放出を促進できるため
b　溶込みが浅くなり，溶接部の軟化と結晶粒粗大化を促進できるため
c　シールド不良が抑制され，酸素および窒素量が低減できるため
d　不純物元素の偏析が抑制され，炭化物の析出が防止できるため

次の設問【81】～【85】はステンレス鋼とその溶接性について述べている。正しいものを１つ選び，マークシートの解答欄の該当箇所にマークせよ。

【81】オーステナイト系ステンレス鋼はどれか。

a　SUS410
b　SUS430
c　SUS316
d　SUS329J3L

【82】ステンレス鋼が優れた耐食性を示す主なメカニズムはどれか。

a　不純物元素（PおよびS）による低融点液膜の形成
b　クロム炭化物の粒界析出
c　不働態皮膜（クロム酸化物）の形成

d　シグマ相の析出

【83】フェライト系ステンレス鋼の溶接部に発生する問題はどれか。

a　応力腐食割れの発生
b　じん性の低下
c　オーステナイト相の増加
d　ラメラテアの発生

【84】オーステナイト系ステンレス鋼に発生する凝固割れの防止策はどれか。

a　拡散性水素量の低減
b　予熱の実施
c　適切なフェライト量が得られる溶接材料の使用
d　600℃～650℃での溶接後熱処理の実施

【85】オーステナイト系ステンレス鋼の溶接熱影響部に発生するウェルドディケイの主な原因はどれか。

a　不純物元素による低融点液膜の形成
b　クロム炭化物の粒界析出
c　クロム酸化物の形成
d　シグマ相の析出

次の設問【86】～【90】は材料力学の基礎について述べている。正しいものを1つ選び，マークシートの解答欄の該当箇所にマークせよ。

【86】　荷重を除去したときに変形がもとに戻る性質はどれか。

a　弾性
b　塑性
c　延性
d　剛性

【87】長さ変化量の初期長さに対する割合を何というか。

a　剛性
b　弾性
c　応力
d　ひずみ

【88】広幅平板に存在する円孔の応力集中係数はいくつか。

a　2.0
b　2.5
c　3.0
d　3.5

【89】軟鋼と高張力鋼のヤング率（縦弾性係数）の比較で正しい記述はどれか。

a　軟鋼の方が大きい
b　高張力鋼の方が大きい
c　ほとんど同じである
d　板厚によって大小関係が異なる

【90】静的引張試験で測定される機械的性質はどれか。

a　降伏応力
b　疲れ強さ
c　クリープ強さ
d　吸収エネルギー

次の設問【91】～【95】は溶接継手の強さについて述べている。正しいものを1つ選び，マークシートの解答欄の該当箇所にマークせよ。

【91】溶接継手の静的引張強さについて正しい記述はどれか。
a　余盛の影響を受ける
b　残留応力の影響を受ける
c　余盛と残留応力の影響をともに受けない
d　余盛と残留応力の影響をともに受ける

【92】ぜい性破壊が生じにくい材料はどれか。
a　破面遷移温度が高く，上部棚エネルギーの大きな材料
b　破面遷移温度が高く，上部棚エネルギーの小さい材料
c　破面遷移温度が低く，上部棚エネルギーの大きな材料
d　破面遷移温度が低く，上部棚エネルギーの小さい材料

【93】溶接部のじん性について正しい記述はどれか。
a　温度が高くなると低下する
b　溶接入熱が過大になると低下する
c　板厚が小さくなると低下する
d　炭素当量が低くなると低下する

【94】溶接継手の疲れ強さについて正しい記述はどれか。
a　残留応力の影響は受けない
b　応力集中の影響は受けない
c　残留応力と応力集中の影響をともに受けない
d　残留応力と応力集中の影響をともに受ける

【95】余盛付き溶接継手の疲れ強さを向上させる方法はどれか。
a　高張力鋼を使用する
b　炭素当量を低くする
c　余盛止端をなめらかに仕上げる
d　溶接部の水素量を少なくする

次の設問【96】～【100】は溶接変形と残留応力について述べている。正しいものを1つ選び，マークシートの解答欄の該当箇所にマークせよ。

【96】平板突合せ溶接継手では，最大残留応力はどの方向に生じるか。
a　溶接線方向
b　溶接線直角方向
c　板厚方向
d　方向には無関係

【97】横収縮と溶接入熱との関係で，正しい記述はどれか。

a　横収縮は，溶接入熱が増加すると小さくなる
b　横収縮は，溶接入熱が増加すると大きくなる
c　横収縮は，ある値の溶接入熱で最大となる
d　横収縮は，溶接入熱とは無関係である

【98】残留応力と溶接変形との関係で，正しい記述はどれか。
a　残留応力は，溶接変形を拘束すると小さくなる
b　残留応力は，溶接変形を拘束すると大きくなる
c　残留応力は，溶接変形を拘束すると生じない
d　残留応力は，溶接変形を拘束しても変わらない

【99】角変形と溶接入熱との関係で，正しい記述はどれか。
a　角変形は，溶接入熱が増加すると単調に小さくなる
b　角変形は，溶接入熱が増加すると単調に大きくなる
c　角変形は，ある値の溶接入熱で最大となる
d　角変形は，溶接入熱とは無関係である

【100】溶接残留応力（最大値）と材料の降伏応力との関係で，正しい記述はどれか。
a　残留応力は，降伏応力が大きいと小さくなる
b　残留応力は，降伏応力が大きいと大きくなる
c　残留応力は，降伏応力の約半分の大きさである
d　残留応力は，降伏応力とは無関係である

次の設問【101】～【105】はJIS溶接記号について述べている。表記は第三角法による。正しいものを１つ選び，マークシートの解答欄の該当箇所にマークせよ。

【101】右図の溶接記号が表している開先形状はどれか。

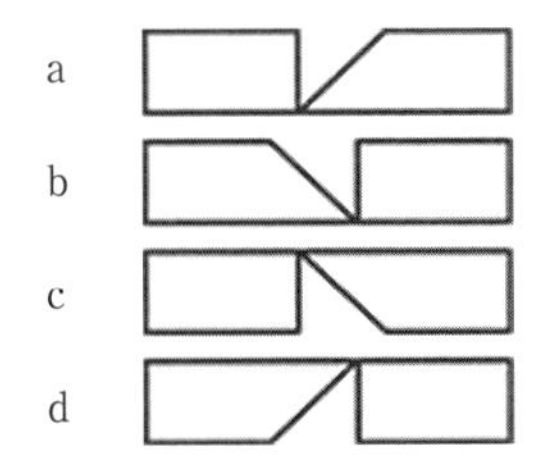

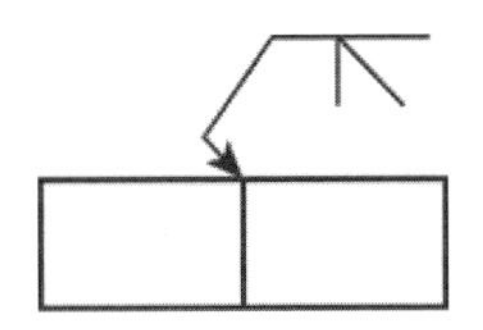

【102】脚長６mmの両側すみ肉溶接を行う溶接記号はどれか。

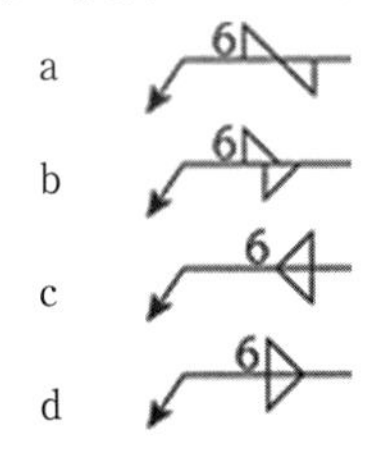

【103】全線で放射線透過試験を行う溶接記号はどれか。
a　○－RT

b　△－RT
c　RT－○
d　RT－△

【104】全周現場溶接を行う溶接記号はどれか。

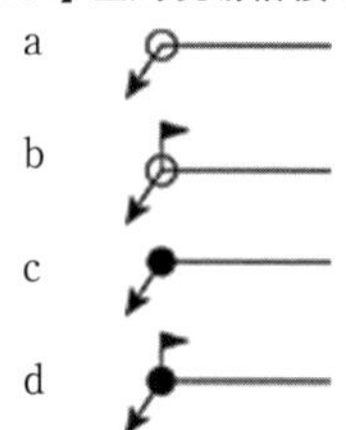

【105】ルート間隔２mmのＶ形開先で完全溶込み溶接を矢の側から行う溶接記号はどれか。

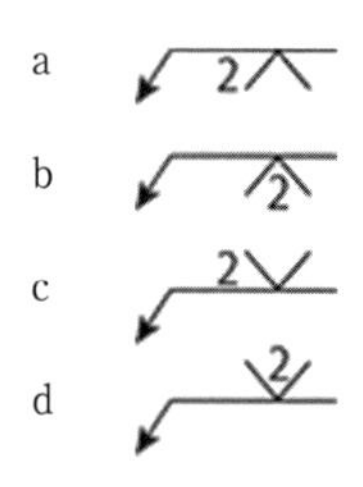

次の設問【106】～【110】は溶接設計について述べている。正しいものを１つ選び，マークシートの解答欄の該当箇所にマークせよ。

【106】溶接設計における留意点はどれか。
a　溶接継手の箇所数は必要最小限とする
b　開先断面積はなるべく大きくする
c　溶接線を近接させ，溶接能率を上げる
d　継手位置は，構造不連続部と無関係に設定する

【107】板厚の異なる平板の突合せ溶接継手で，強度計算に用いるのど厚はどれか。
a　両板厚の差
b　両板厚の平均値
c　小さい方の板厚
d　大きい方の板厚

【108】溶接継手の静的強度計算にあたっては，一般に，応力集中や残留応力は考慮するか。
a　どちらも考慮する
b　応力集中は考慮するが残留応力は考慮しない
c　残留応力は考慮するが応力集中は考慮しない
d　どちらも考慮しない

【109】鋼構造設計規準や道路橋示方書で，すみ肉溶接のサイズに上限値を設けているのは

なぜか。

a　疲れ強さの低下を防ぐため
b　熱影響部の急冷・硬化による低温割れを防ぐため
c　材質劣化や過大な溶接変形を防ぐため
d　残留応力を低減するため

【110】多層突合せ溶接において，角変形が最も大きくなりやすい開先形状はどれか。

a　X形開先
b　レ形開先
c　V形開先
d　H形開先

次の設問【111】～【115】は側面すみ肉溶接継手に引張荷重Pが作用する場合の許容最大荷重を算定する手順を述べている。正しいものを１つ選び，マークシートの解答欄の該当箇所にマークせよ。ただし，許容引張応力は140N/mm^2，許容せん断応力は80N/mm^{2}で，$1/\sqrt{2}=0.7$とする。

【111】溶接長をそのまま有効溶接長さとすると，強度計算に用いる全有効溶接長さは何mmか。

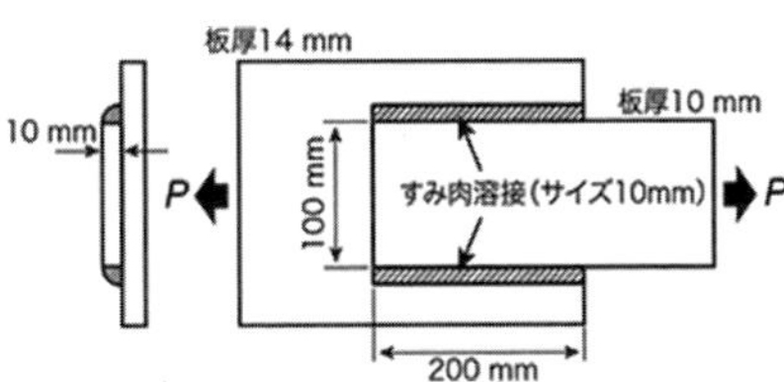

a　200mm
b　300mm
c　400mm
d　500mm

【112】すみ肉溶接部ののど厚は何mmか。

a　5 mm
b　7 mm
c　10mm
d　14mm

【113】強度計算に用いる有効のど断面積は何mm^{2}か。

a　1,400mm^2
b　2,000mm^2
c　2,800mm^2
d　4,000mm^2

【114】この継手の許容応力は何N/mm^{2}か。

a　80N/mm^2
b　110N/mm^2
c　140N/mm^2
d　220N/mm^2

【115】許容最大荷重は何kNか。

a　112kN
b　224kN
c　308kN
d　392kN

次の設問【116】～【120】は品質および品質管理について述べている。正しいものを1つ選び，マークシートの解答欄の該当箇所にマークせよ。

【116】デミングらが提唱したのはどれか。
a　要員認証システム
b　トレーサビリティ
c　溶接管理システム
d　PDCAサイクル（サークル）

【117】設計，製造，検査，営業の各部門が集まって，設計の品質を検討する会議はどれか。
a　生産計画会議
b　設計図書出図会議
c　施工要領レビュー会議
d　デザインレビュー会議

【118】「品質マネジメントシステム－要求事項」規格はどれか。
a　ISO 3834（JIS Z 3400）
b　ISO 9001（JIS Q 9001）
c　ISO 14001（JIS Q 14001）
d　ISO 14731（JIS Z 3410）

【119】「金属材料の融接に関する品質要求事項」規格はどれか。
a　ISO 3834（JIS Z 3400）
b　ISO 9001（JIS Q 9001）
c　ISO 14001（JIS Q 14001）
d　ISO 14731（JIS Z 3410）

【120】品質管理に用いられる図はどれか。
a　CCT図
b　回路図
c　S-N線図
d　特性要因図

次の設問【121】～【125】は溶接施工法および施工要領について述べている。正しいものを1つ選び，マークシートの解答欄の該当箇所にマークせよ。

【121】pWPSはどれか。
a　承認前の溶接施工要領書
b　承認された溶接施工要領書
c　承認前の溶接施工法承認記録
d　承認された溶接施工法承認記録

【122】溶接施工法承認記録で承認されるのはどれか。
a　溶接作業者
b　鋼材の供給メーカ
c　溶接姿勢
d　溶接機の形式

【123】鋼の突合せ溶接（完全溶込み）の溶接施工法試験で必ず要求される試験はどれか。

a　衝撃試験
b　溶接金属引張試験
c　継手引張試験
d　疲労試験

【124】標準化された試験材の溶接および試験による溶接施工要領の承認方法はどれか。

a　製造前溶接試験による承認
b　溶接施工法試験による承認
c　承認された溶接材料の使用による承認
d　過去の溶接実績による承認

【125】溶接確認項目（エッセンシャルバリアブル）はどれか。

a　溶接に必要な技量項目
b　客先承認項目
c　溶接設計に必要な項目
d　溶接継手の品質に影響を与える項目

次の設問【126】～【130】は溶接に使われる用語について述べている。正しいものを１つ選び，マークシートの解答欄の該当箇所にマークせよ。

【126】溶着速度を示すのはどれか。

a　単位時間当りの溶着金属量
b　単位時間当りの溶接材料の溶融量
c　単位時間当りの溶接長
d　継手の単位長さ当りの溶接材料消耗量

【127】溶接機の負荷率を示すのはどれか。

a　アーク発生時間の合計÷全作業時間
b　パルス時間÷パルス周期
c　溶接入熱÷投入電力
d　実作業での平均溶接電流÷定格出力電流

【128】アークタイムの計算式はどれか。

a　必要な溶接金属量÷溶着速度
b　必要な溶接金属量×溶着速度
c　溶着速度÷必要な溶接金属量
d　必要な溶接金属量÷溶接技能者数

【129】生産性を示すのはどれか。

a　総コスト÷溶接機台数
b　材料重量÷溶接機台数
c　設備費÷労働時間
d　産出（アウトプット）÷投入（インプット）

【130】溶接生産性を示すのはどれか。

a　工場労働者数÷溶接機台数
b　加工鋼材重量÷溶接作業時間
c　総コスト÷総労働時間
d　溶接材料費÷溶接作業時間

次の設問【131】～【135】はマグ溶接について述べている。正しいものを１つ選び，マークシートの解答欄の該当箇所にマークせよ。

【131】最大ウィービング幅の目安はノズル口径の何倍程度か。

a　0.2倍
b　0.5倍
c　1.5倍
d　５倍

【132】被覆アーク溶接と比較して，パス数と角変形はどうなるか。

a　パス数が多く，角変形は小さくなる
b　パス数が多く，角変形は大きくなる
c　パス数が少なく，角変形は小さくなる
d　パス数が少なく，角変形は大きくなる

【133】立向下進溶接で一般に用いられるトーチ角（傾斜角）はどれか。

a　前進角
b　垂直
c　平行
d　後進角

【134】立向下進溶接の溶込みは，下向溶接と比べてどうなるか。

a　浅くなる
b　変らない
c　深くなる
d　溶接条件によって異なる

【135】多層溶接で融合不良を防止する対策はどれか。

a　ビード形状が凸とならないようにする
b　シールドガス流量を少なくする
c　開先角度を狭くする
d　短絡移行形態となる溶接条件を選定する

次の設問【136】～【140】は予熱およびパス間温度について述べている。正しいものを１つ選び，マークシートの解答欄の該当箇所にマークせよ。

【136】予熱に用いられていない方法はどれか。

a　ガス炎加熱
b　電気抵抗加熱
c　プラズマ加熱
d　炉中加熱

【137】予熱温度を高くすると熱影響部の最高硬さはどうなるか。

a　低くなる
b　変わらない
c　高くなる
d　低くなる場合と高くなる場合がある

【138】板厚50mmの780N/mm級高張力鋼の溶接で予熱温度の目安はどれか。

a　30℃
b　100℃
c　250℃
d　350℃

【139】板厚25mmの溶接で必要な予熱範囲はどれか。

a　開先内部のみ
b　開先を挟んで片側あたり20mm～50mm
c　開先を挟んで片側あたり50mm～100mm
d　開先を挟んで片側あたり100mm～200mm

【140】パス間温度の上限を規定する理由はどれか。

a　低温割れ防止
b　溶接部の強度低下およびぜい化防止
c　溶接部の硬化防止
d　溶接熱影響部の細粒化防止

次の設問【141】～【145】はガウジングについて述べている。正しいものを１つ選び，マークシートの解答欄の該当箇所にマークせよ。

【141】一般に，ガウジングによる裏はつりが必要な溶接はどれか。

a　薄板突合せ継手の片側溶接
b　中・厚板突合せ継手の片側溶接
c　中・厚板突合せ継手の両側溶接
d　重ね継手の両側溶接

【142】エアアークガウジングに使用される電極材料はどれか。

a　炭素
b　タングステン
c　低合金鋼
d　ハフニウム

【143】エアアークガウジングでノズルから噴出させる気体はどれか。

a　酸素
b　窒素
c　水素
d　空気

【144】エアアークガウジングを用いた裏はつりで，付着して溶接割れの原因となるのはどれか。

a　プライマ
b　炭素
c　油脂
d　タングステン

【145】ガスガウジングに比べた，エアアークガウジングの特長はどれか。

a　騒音が小さい
b　換気が不要

c　熱変形が少ない
d　防じんマスクの着用が不要

次の設問【146】～【150】はティグ溶接とサブマージアーク溶接について述べている。正しいものを１つ選び，マークシートの解答欄の該当箇所にマークせよ。

【146】ティグ溶接のシールドガスとしてアルゴンを用いる利点はどれか。

a　深溶込みが得られる
b　溶接速度を速くできる
c　溶接金属の品質がよくなる
d　アークの冷却効果がもっとも大きい

【147】ティグ溶接でプリフローガスを流す主な理由はどれか。

a　ガス流量の低減
b　トーチ内残留ガスの除去
c　クレータのシールド確保
d　ノズルの保護

【148】サブマージアーク溶接の特長はどれか。

a　全姿勢溶接が可能
b　低温割れを生じにくい
c　大電流が使用できる
d　ロボット溶接に適している

【149】サブマージアーク溶接に用いるフラックスはどれか。

a　メタル系フラックスおよび溶融フラックス
b　ボンドフラックスおよび溶融フラックス
c　メタル系フラックスおよびボンドフラックス
d　メタル系フラックスおよびスラグ系フラックス

【150】大入熱サブマージアーク溶接の熱影響部に生じる現象はどれか。

a　細粒化や硬化
b　細粒化やぜい化
c　粗粒化や硬化
d　粗粒化やぜい化

次の設問【151】～【155】は鋼のPWHT（溶接後熱処理）について述べている。正しいものを１つ選び，マークシートの解答欄の該当箇所にマークせよ。

【151】PWHTの目的はどれか。

a　再熱割れ防止
b　高温割れ防止
c　継手強度向上
d　残留応力低減

【152】PWHTで生じる割れはどれか。

a　低温割れ
b　高温割れ

c　再熱割れ
d　ラメラテア

【153】PWHT（JIS Z 3700）において，鋼材（母材）の種類により決まるのはどれか。
a　炉入れ・炉から取出し時の炉内温度
b　最小保持時間
c　保持時間中の被加熱部全体にわたる温度差
d　最低保持温度

【154】PWHT（JIS Z 3700）において，板厚により決まるのはどれか。
a　炉入れ・炉から取出し時の炉内温度
b　最小保持時間
c　保持時間中の被加熱部全体にわたる温度差
d　最低保持温度

【155】PWHTが通常要求されない材料はどれか。
a　炭素鋼
b　Cr-Mo鋼
c　3.5Ni鋼
d　オーステナイト系ステンレス鋼

次の設問【156】～【160】は溶接変形の低減について述べている。正しいものを１つ選び，マークシートの解答欄の該当箇所にマークせよ。

【156】溶接変形低減に効果のある溶着法はどれか。
a　後退法
b　ブロック法
c　飛石法
d　カスケード法

【157】溶接後の角変形を小さくする方法はどれか。
a　カスケード法
b　バタリング法
c　飛石法
d　逆ひずみ法

【158】突合せ継手で横収縮を低減させる方法はどれか。
a　開先断面積を小さくする
b　開先角度を大きくする
c　目違い修正ピースを用いる
d　スカラップを用いる

【159】ストロングバックで低減できる溶接変形はどれか。
a　座屈変形
b　縦収縮
c　角変形
d　縦曲り変形

【160】溶接変形の矯正に用いられる方法はどれか。

a　PWHT（溶接後熱処理）
b　線状加熱
c　テンパビード法
d　直後熱

次の設問【161】～【165】は溶接割れについて述べている。正しいものを１つ選び，マークシートの解答欄の該当箇所にマークせよ。

【161】低温割れが最も発生しにくい溶接法はどれか。
a　セルフシールドアーク溶接
b　ソリッドワイヤを用いたマグ溶接
c　ライムチタニア系溶接棒を用いた被覆アーク溶接
d　イルミナイト系溶接棒を用いた被覆アーク溶接

【162】梨形（ビード）割れの防止策として最も有効なのはどれか。
a　開先角度を小さくする
b　開先角度を大きくする
c　余盛を高くする
d　余盛を低くする

【163】梨形（ビード）割れの防止策として有効な溶接条件はどれか。
a　溶接電流を低くし，溶接速度を遅くする
b　溶接電流を低くし，溶接速度を速くする
c　溶接電流を高くし，溶接速度を遅くする
d　溶接電流を高くし，溶接速度を速くする

【164】最もラメラテアが生じにくい鋼材はどれか。
a　板厚方向の絞り値が小さい鋼
b　板厚方向の絞り値が大きい鋼
c　シャルピー吸収エネルギーが低い鋼
d　遷移温度が高い鋼

【165】ラメラテアを防止するために鋼材組成で低減させる元素はどれか。
a　S
b　Ni
c　O
d　N

次の設問【166】～【170】は溶接継手の非破壊試験方法について述べている。正しいものを１つ選び，マークシートの解答欄の該当箇所にマークせよ。

【166】溶接ゲージを用いる試験方法はどれか。
a　外観試験
b　渦電流探傷試験
c　磁粉探傷試験
d　浸透探傷試験

【167】板厚方向の欠陥深さ位置を推定しやすい試験方法はどれか。

a　磁粉探傷試験
b　浸透探傷試験
c　放射線透過試験
d　超音波探傷試験

【168】アルミニウム合金溶接部の表面割れの検出に適している試験方法はどれか。

a　磁粉探傷試験
b　浸透探傷試験
c　放射線透過試験
d　超音波探傷試験

【169】母材部のラミネーションの検出に適している試験方法はどれか。

a　磁粉探傷試験
b　浸透探傷試験
c　放射線透過試験
d　超音波探傷試験

【170】透過度計を用いる試験方法はどれか。

a　磁粉探傷試験
b　浸透探傷試験
c　放射線透過試験
d　超音波探傷試験

次の設問【171】～【175】は溶接部表面の非破壊試験について述べている。正しいものを１つ選び，マークシートの解答欄の該当箇所にマークせよ。

【171】磁粉探傷試験（MT）について，正しい記述はどれか。

a　アルミニウムなどの非磁性材料に適用できる
b　磁化させるときず部で漏洩磁束を生じる
c　表層部の非開口の欠陥は検出できない
d　指示模様の幅は実際のきずの幅より小さい

【172】極間法による磁粉探傷試験で縦割れを検出するのに適した磁極配置はどれか。

a　磁極を結ぶ方向と溶接線方向を平行にする
b　磁極を結ぶ方向と溶接線方向を直角にする
c　磁極を結ぶ方向と溶接線方向を45度傾ける
d　磁極を結ぶ方向は，特に考慮する必要はない

【173】浸透探傷試験（PT）の特徴について，正しい記述はどれか。

a　試験材料の温度の影響を受けない
b　非鉄金属にも適用できる
c　表面粗さの影響を受けない
d　きずの深さが推定できる

【174】浸透探傷試験の除去処理の実施時期について，正しい記述はどれか。

a　前処理の後で浸透処理の前
b　乾燥処理の後で現像処理の前
c　現像処理の後で観察の前
d　浸透処理の後で現像処理の前

【175】すみ肉溶接の外観試験の対象となるのはどれか。

a　目違い
b　脚長
c　溶込み深さ
d　ルート割れ

次の設問【176】～【180】は溶接内部の非破壊試験方法について述べている。正しいものを１つ選び，マークシートの解答欄の該当箇所にマークせよ。

【176】放射線透過試験が超音波探傷試験よりも優れているのはどれか。

a　試験結果がすぐにわかる
b　消耗品が安価である
c　他の作業との混在が可能
d　欠陥の種類判別ができる

【177】放射線透過試験でスラグ巻込みはフィルム上でどのように写るか。

a　周辺に比べて白く写る
b　周辺に比べて黒く写る
c　周辺と差がない
d　スラグの厚さによって白または黒く写る

【178】放射線透過試験で検出困難な欠陥はどれか。

a　ラメラテア
b　ブローホール
c　スラグ巻込み
d　溶込不良

【179】超音波探傷試験において欠陥の深さ位置を求めるのに必要な情報はどれか。

a　エコー高さ
b　ビーム路程
c　ビーム幅
d　指示長さ

【180】超音波探傷試験がオーステナイト系ステンレス鋼溶接部に適用困難な理由はどれか。

a　熱影響部の結晶粒界にCr炭化物が析出するため
b　溶接金属中にフェライトが含まれるため
c　溶接金属の結晶粒が粗大化しているため
d　非磁性体であるため

次の設問【181】～【185】は電撃防止のための安全衛生について述べている。正しいものを１つ選び，マークシートの解答欄の該当箇所にマークせよ。

【181】電撃防止装置を使用していないアーク溶接の感電災害について，正しい記述はどれか。

a　アークが発生していない時は，発生している時よりも感電の危険性は高い
b　アークが発生していない時は，発生している時よりも感電の危険性は低い
c　アークが発生していない時も，発生している時も感電の危険性はどちらも高い
d　アークが発生していない時も，発生している時も感電の危険性はどちらも低い

【182】JIS C 9311「交流アーク溶接電源用電撃防止装置」で規定されている遅動時間はどれか。

a　0.06秒以下
b　1.0 ± 0.3秒
c　2.0 ± 0.3秒
d　3.0 ± 0.3秒

【183】JIS C 9311「アーク溶接機用電撃防止装置」で規定されている始動時間はどれか。

a　0.01秒以下
b　0.06秒以下
c　0.10秒以下
d　0.20秒以下

【184】電撃防止装置の始動時間経過後に溶接棒ホルダと母材間に生じる電圧はどれか。

a　安全電圧
b　アーク電圧
c　短絡電圧
d　溶接機の無負荷電圧

【185】電撃防止装置で遅動時間が設定されている理由はどれか。

a　被覆アーク溶接棒と溶接棒ホルダとの絶縁性保護のため
b　溶接電源の回路保護のため
c　タック溶接などの断続作業での作業性確保のため
d　溶接棒ホルダの絶縁性確保のため

次の設問【186】～【190】は溶接ヒュームなどに対する安全衛生について述べている。正しいものを１つ選び，マークシートの解答欄の該当箇所にマークせよ。

【186】溶接ヒュームを吸引すると現れる急性症状はどれか。

a　肺炎
b　金属熱
c　肺結核
d　じん肺

【187】粉じん障害防止規則に定められている屋内粉じん作業場所の清掃頻度はどれか。

a　毎日の終業時
b　毎週１回
c　毎月１回
d　汚れがひどくなったら実施

【188】板厚25mmの軟鋼を切断する場合，ヒューム発生量が最も多いのはどれか。

a　ガス切断
b　プラズマ切断
c　レーザ切断
d　ウォータージェット切断

【189】溶接ヒューム中にマンガン化合物が最も含まれる材料はどれか。

a　アルミニウム

b　チタン
c　軟鋼
d　マグネシウム

【190】溶接ヒュームへの対策で最も効果があるのはどれか。

a　防じんマスクの使用
b　半自動溶接の採用
c　溶接作業場所の全体換気
d　電動ファン付き呼吸用保護具の使用

次の設問【191】〜【195】はガス溶接・切断時の安全衛生について述べている。正しいものを一つ選び，マークシートの解答欄の該当箇所にマークせよ。

【191】プロパンと空気の混合物で，爆発下限界となるプロパン濃度（容量%）はどれか。

a　約１%
b　約２%
c　約10%
d　約20%

【192】銅と反応して爆発性化合物を作る燃料ガスはどれか。

a　アセチレン
b　プロパン
c　天然ガス
d　水素

【193】空気よりも重い燃料ガスはどれか。

a　アセチレン
b　プロパン
c　メタン
d　水素

【194】アセチレンのガス容器の識別色はどれか。

a　赤色
b　褐色
c　ねずみ色
d　黒色

【195】逆火してきた火炎を止めるのに有効な器具はどれか。

a　混合器
b　流量計
c　安全器
d　圧力調整器

次の設問【196】〜【200】は各種光線からの保護および障害について述べている。正しいものを１つ選び，マークシートの解答欄の該当箇所にマークせよ。

【196】溶接電流200A程度のマグ溶接において，推奨されるフィルタプレートの遮光度番号はどれか。

a　9～10
b　11～12
c　13～14
d　15～16

【197】眼に照射されると電気性眼炎を起こす光線はどれか。
a　X線
b　紫外線
c　可視光線
d　赤外線

【198】アーク光の影響により現れる症状はどれか。
a　急性症状として白内障，慢性症状として電気性眼炎
b　急性症状として皮膚炎，慢性症状として白内障
c　急性症状として金属熱，慢性症状として白内障
d　急性症状として金属熱，慢性症状として皮膚炎

【199】波長10.6 μmのCO_2レーザ光が目に入ると，最も起こりやすい障害はどれか。
a　結膜炎
b　緑内障
c　角膜損傷
d　網膜損傷

【200】波長1.07 μmのファイバレーザ光が目に入ると，最も起こりやすい障害はどれか。
a　結膜炎
b　緑内障
c　角膜損傷
d　網膜損傷

●2020年11月１日出題　２級試験問題●
解答例

【１】a，【２】c，【３】c，【４】b，【５】c，【６】c，【７】c，【８】c，
【９】b，【10】d，【11】c，【12】d，【13】b，【14】b，【15】d，【16】c，
【17】b，【18】c，【19】b，【20】c，【21】c，【22】a，【23】b，【24】c，
【25】a，【26】b，【27】a，【28】b，【29】c，【30】c，【31】a，【32】c，
【33】c，【34】a，【35】d，【36】b，【37】b，【38】b，【39】c，【40】c，
【41】b，【42】c，【43】c，【44】a，【45】d，【46】c，【47】b，【48】d，
【49】a，【50】c，【51】b，【52】d，【53】c，【54】d，【55】a，【56】b，
【57】c，【58】b，【59】c，【60】b，【61】a，【62】b，【63】c，【64】d，

【65】 b, 【66】 d, 【67】 c, 【68】 a, 【69】 a, 【70】 c, 【71】 a, 【72】 c,
【73】 d, 【74】 b, 【75】 a, 【76】 c, 【77】 d, 【78】 c, 【79】 b, 【80】 a,
【81】 c, 【82】 c, 【83】 b, 【84】 c, 【85】 b, 【86】 a, 【87】 d, 【88】 c,
【89】 c, 【90】 a, 【91】 c, 【92】 c, 【93】 b, 【94】 d, 【95】 c, 【96】 a,
【97】 b, 【98】 b, 【99】 c, 【100】 b, 【101】 a, 【102】 d, 【103】 c, 【104】 b,
【105】 b, 【106】 a, 【107】 c, 【108】 d, 【109】 c, 【110】 c, 【111】 c, 【112】 b,
【113】 c, 【114】 a, 【115】 b, 【116】 d, 【117】 d, 【118】 b, 【119】 a, 【120】 d,
【121】 a, 【122】 c, 【123】 c, 【124】 b, 【125】 d, 【126】 a, 【127】 d, 【128】 a,
【129】 d, 【130】 b, 【131】 c, 【132】 c, 【133】 d, 【134】 a, 【135】 a, 【136】 c,
【137】 a, 【138】 b, 【139】 c, 【140】 b, 【141】 c, 【142】 a, 【143】 d, 【144】 b,
【145】 c, 【146】 c, 【147】 b, 【148】 c, 【149】 b, 【150】 d, 【151】 d, 【152】 c,
【153】 d, 【154】 b, 【155】 d, 【156】 c, 【157】 d, 【158】 a, 【159】 c, 【160】 b,
【161】 b, 【162】 b, 【163】 a, 【164】 b, 【165】 a, 【166】 a, 【167】 d, 【168】 b,
【169】 d, 【170】 c, 【171】 b, 【172】 b, 【173】 b, 【174】 d, 【175】 b, 【176】 d,
【177】 b, 【178】 a, 【179】 b, 【180】 c, 【181】 a, 【182】 b, 【183】 b, 【184】 d,
【185】 c, 【186】 b, 【187】 a, 【188】 b, 【189】 c, 【190】 d, 【191】 b, 【192】 a,
【193】 b, 【194】 b, 【195】 c, 【196】 b, 【197】 b, 【198】 b, 【199】 c, 【200】 d

●2019年11月３日出題●

２級試験問題

次の設問【１】～【５】はアークの特徴について述べている。正しいものを１つ選び，マークシートの解答欄の該当箇所にマークせよ。

【１】アークを維持する電流を主に運ぶのはどれか。

a　陰イオン
b　陽イオン
c　中性粒子
d　電子

【２】アーク柱の最高温度はどれか。

a　1,000℃程度
b　5,000℃程度
c　10,000℃～30,000℃程度
d　500,000℃以上

【３】アークの性質についての正しい記述はどれか。

a　電子やイオンなどが混在した導電性ガスである
b　解離原子でできた非導電性ガスである
c　液体と気体の混合組成である
d　金属蒸気のみで構成されている

【４】アーク電圧を構成する組合せはどれか。

a　アーク柱電圧とアーク長とアーク電流
b　アーク柱電圧と陽極降下電圧と陰極降下電圧
c　アーク長と陽極降下電圧と陰極降下電圧
d　ケーブル降下電圧と陽極降下電圧と陰極降下電圧

【５】溶接電流が一定の場合，アーク電圧とアーク長の関係はどれか。

a　アーク電圧はアーク長が長くなると増加する
b　アーク電圧はアーク長が長くなると減少する
c　アーク電圧はアーク長が長くなると増加する場合と，減少する場合がある
d　アーク長が変化してもアーク電圧は変化しない

次の設問【６】～【10】はアークの性質について述べている。正しいものを１つ選び，マークシートの解答欄の該当箇所にマークせよ。

【６】平行な２本の導体に，同一方向の電流が通電された場合，導体間に生じる力はどれか。

a　引力
b　反発力
c　回転力
d　浮力

【7】アーク電流による電磁力の作用で，アーク柱はどのようになるか。

a　長さが短くなる
b　長さが長くなる
c　断面が収縮する
d　断面が膨張する

【8】電磁力によって発生する，電極から母材に向かう高速のガス気流はどれか。

a　シールドガス気流
b　プラズマ気流
c　プラズマジェット
d　アークブロー

【9】電極軸延長方向にアークが発生しようとする性質は何と呼ばれているか。

a　アークの慣性
b　アークの直進性
c　アークの硬直性
d　アークの磁気吹き

【10】アークが冷却されることで断面収縮する作用はどれか。

a　アークの反力
b　電磁的ピンチ効果
c　熱的ピンチ効果
d　熱対流

次の設問【11】～【15】はティグ溶接について述べている。正しいものを1つ選び，マークシートの解答欄の該当箇所にマークせよ。

【11】ティグ溶接のシールドガスはどれか。

a　窒素
b　酸素
c　炭酸ガス
d　アルゴン

【12】ティグ溶接で，通常使用されているアークスタート方式はどれか。

a　電極先端を母材に短時間接触させ，大電流を通電してアークを起動する
b　電極先端を母材に長時間接触させ，小電流を通電してアークを起動する
c　高周波を利用し，電極先端と母材は非接触でアークを起動する
d　スチールウールを母材と電極先端との間に挟んで通電してアークを起動する

【13】鋼のティグ溶接で一般に使用される電源特性はどれか。

a　交流垂下特性
b　交流定電圧特性
c　直流定電流特性
d　直流定電圧特性

【14】ステンレス鋼のティグ溶接に多用される溶接電流の極性はどれか。

a　直流電極プラス
b　直流電極マイナス

c　交流
d　交流パルス

【15】アルミニウムのティグ溶接で交流が利用される理由はどれか。

a　深い溶込みを得るため
b　磁気吹きを避けるため
c　電極プラスでのクリーニング作用が得られるため
d　電極マイナスでのクリーニング作用が得られるため

次の設問【16】～【20】はマグ溶接について述べている。正しいものを１つ選び，マークシートの解答欄の該当箇所にマークせよ。

【16】マグ溶接で，シールドガスとして用いられるのはどれか。

a　ヘリウム
b　活性ガス
c　アセチレン
d　窒素

【17】小電流域で溶接電圧を低くした場合の溶滴移行形態はどれか。

a　短絡移行
b　グロビュール移行
c　スプレー移行
d　壁面移行

【18】マグ溶接で，溶滴の反発移行が生じる主な理由はどれか。

a　プラズマ気流が強いため
b　イオン気流が強いため
c　ワイヤへの入熱量が小さいため
d　アークによる押し上げ作用を受けるため

【19】マグ溶接で，一般に使用される電源特性はどれか。

a　交流垂下特性
b　交流定電圧特性
c　直流定電流特性
d　直流定電圧特性

【20】溶接ケーブルを5mから30mに延長した場合の対処方法はどれか。

a　作業性を向上させるため，ケーブルを丸めて使用する
b　ケーブルによる電圧降下を考慮し，電源の出力電圧を高くする
c　ケーブルによる電圧降下を考慮し，電源の出力電圧を低くする
d　電気抵抗が大きくなるので，出力電流を大きくする

次の設問【21】～【25】は溶接電源について述べている。正しいものを１つ選び，マークシートの解答欄の該当箇所にマークせよ。

【21】被覆アーク溶接用交流電源で，出力を増減しているのはどれか。

a　巻線

b　リアクタ
c　可動鉄心
d　タップ

【22】直流を交流に変換する回路はどれか。

a　コンバータ
b　リアクタ
c　インバータ
d　コンデンサ

【23】直流電源の出力側に組み込まれているリアクタの役割はどれか。

a　無負荷電圧を上げる
b　無負荷電圧を下げる
c　溶接電流の脈動（リップル）を増大させる
d　溶接電流の脈動（リップル）を抑える

【24】無負荷電圧とは何か。

a　電源への入力電圧
b　電流が通電されていないときの電源の出力端子電圧
c　電流が通電されているときの電源の出力端子電圧
d　電流が通電されているときのアーク電圧

【25】インバータ制御電源の溶接変圧器の大きさについての正しい記述はどれか。

a　インバータの制御周波数にほぼ比例する
b　インバータの制御周波数にほぼ反比例する
c　インバータ制御周波数には関係しない
d　定格電流によって，インバータ制御周波数に比例する場合と反比例する場合がある

次の設問【26】～【30】はアーク溶接機器とその保守について述べている。正しいものを１つ選び，マークシートの解答欄の該当箇所にマークせよ。

【26】可動鉄心形交流アーク溶接電源の内部冷却方式はどれか。

a　外気による自然冷却
b　ファンによる強制冷却
c　圧縮空気による強制冷却
d　冷却水による強制冷却

【27】マグ溶接電源内部の冷却方式はどれか。

a　外気による自然冷却
b　ファンによる強制冷却
c　圧縮空気による強制冷却
d　冷却水による強制冷却

【28】溶接電源の内部清掃時に吹き付けるものはどれか。

a　酸素
b　圧縮空気
c　窒素
d　アルゴン

【29】ワイヤ送給の重要部品であり，極端に折り曲げてはならないものはどれか。
　a　溶接ケーブル
　b　コンジット（ケーブル）
　c　ノズル
　d　ガスホース

【30】ワイヤに給電する役割をもち，消耗するとアーク不安定を生じる原因となる部品はどれか。
　a　コンタクトチップ
　b　ノズル
　c　オリフィス
　d　インシュレータ

次の設問【31】～【35】はマグ溶接におけるワイヤ溶融について述べている。正しいものを１つ選び，マークシートの解答欄の該当箇所にマークせよ。

【31】ワイヤの溶融に寄与する熱は，アーク熱と次のどの熱か。
　a　ワイヤ突出し部の放射熱
　b　ワイヤ突出し部の抵抗発熱
　c　ワイヤ突出し部の反射熱
　d　ワイヤ突出し部の潜熱

【32】アーク熱に及ぼす溶接電流の影響について正しいのはどれか。
　a　溶接電流に比例する
　b　溶接電流の二乗に比例する
　c　溶接電流に反比例する
　d　溶接電流の二乗に反比例する

【33】ワイヤ突出し部での発熱に及ぼす溶接電流の影響について正しいのはどれか。
　a　溶接電流に比例する
　b　溶接電流の二乗に比例する
　c　溶接電流に反比例する
　d　溶接電流の二乗に反比例する

【34】ワイヤ突出し部の発熱と突出し長さの関係はどれか。
　a　突出し長さに比例する
　b　突出し長さの二乗に比例する
　c　突出し長さに反比例する
　d　突出し長さの二乗に反比例する

【35】ワイヤ突出し部の発熱とワイヤ径の関係はどれか。
　a　ワイヤ径に比例する
　b　ワイヤ径の二乗に比例する
　c　ワイヤ径に反比例する
　d　ワイヤ径の二乗に反比例する

次の設問【36】～【40】はプラズマ切断について述べている。正しいものを１つ選び，マークシートの解答欄の該当箇所にマークせよ。

【36】アークの拘束に用いられるトーチ部品はどれか。

a　シールドキャップ
b　ノズル電極
c　コンタクトチップ
d　コレット

【37】作動ガス（プラズマガス）としてアルゴンを用いる場合に利用する熱はどれか。

a　化学反応熱のみ
b　アーク熱のみ
c　アーク熱と化学反応熱
d　摩擦熱

【38】作動ガス（プラズマガス）として空気を用いる場合に利用する熱はどれか。

a　化学反応熱のみ
b　アーク熱のみ
c　アーク熱と化学反応熱
d　摩擦熱

【39】作動ガス（プラズマガス）としてアルゴンを用いる場合に使用する電極材料はどれか。

a　鋼
b　タングステン
c　ハフニウム
d　炭素

【40】作動ガス（プラズマガス）として空気を用いる場合に使用する電極材料はどれか。

a　鋼
b　タングステン
c　ハフニウム
d　炭素

次の設問【41】～【45】は鉄鋼材料について述べている。正しいものを１つ選び，マークシートの解答欄の該当箇所にマークせよ。

【41】低炭素鋼の最大炭素含有量はどれか。

a　0.2％
b　0.3％
c　0.4％
d　0.5％

【42】純鉄を室温から加熱した場合の組織変化はどれか。

a　オーステナイト　→　フェライト　→　デルタフェライト
b　フェライト　→　デルタフェライト　→　オーステナイト
c　フェライト　→　オーステナイト　→　デルタフェライト
d　オーステナイト　→　マルテンサイト　→　デルタフェライト

【43】炭素鋼におけるパーライト組織はどれか。

a　マルテンサイトとフェライトの混合組織

b　フェライトとセメンタイトの混合組織
c　オーステナイトとセメンタイトの混合組織
d　オーステナイトとフェライトの混合組織

【44】炭素含有量0.2%の鋼を1000℃から徐冷した時にA_{r3}点で析出する組織はどれか。
a　オーステナイト
b　マルテンサイト
c　パーライト
d　フェライト

【45】炭素含有量0.2%の鋼を1000℃から急冷した時の室温で観察される組織はどれか。
a　フェライト
b　パーライト
c　オーステナイト
d　マルテンサイト

次の設問【46】～【50】は鋼の熱処理について述べている。正しいものを１つ選び，マークシートの解答欄の該当箇所にマークせよ。

【46】オーステナイト温度域から炉中で徐冷する熱処理はどれか。
a　焼ならし
b　焼なまし
c　焼入れ
d　焼戻し

【47】低炭素鋼の焼なまし組織はどれか。
a　オーステナイトとフェライト
b　マルテンサイトとオーステナイト
c　パーライトとオーステナイト
d　フェライトとパーライト

【48】粗大化した組織を微細化するために行われる熱処理はどれか。
a　A_{c3}温度より30～50℃高い温度に加熱した後，大気中で空冷する
b　A_{c3}温度より30～50℃高い温度に加熱した後，急冷する
c　A_{c3}温度より300～500℃高い温度に加熱した後，大気中で空冷する
d　A_{c3}温度より300～500℃高い温度に加熱した後，急冷する

【49】急冷後，じん性を向上させる目的で，600℃程度の温度に加熱した後，空冷する処理はどれか。
a　焼なまし
b　焼入れ
c　焼ならし
d　焼戻し

【50】調質高張力鋼の製造で行われる熱処理はどれか。
a　焼ならし
b　焼入れ＋焼戻し
c　焼なまし

d　焼ならし＋焼戻し

次の設問【51】～【55】はJIS鋼材規格について述べている。正しいものを1つ選び，マークシートの解答欄の該当箇所にマークせよ。

【51】SM490で，SMが表すものはどれか。

a　一般構造用圧延鋼材
b　溶接構造用圧延鋼材
c　建築構造用圧延鋼材
d　機械構造用炭素鋼

【52】SS400で規定されている元素はどれか。

a　C
b　Si
c　Mn
d　S

【53】SM490A，SM490B，SM490Cで規定が異なるのはどれか。

a　降伏点または耐力
b　シャルピー吸収エネルギー
c　引張強さ
d　板厚方向の絞り

【54】SS材及びSM材には規定がなく，SN材のB及びC種に規定されているのはどれか。

a　引張強さ
b　シャルピー吸収エネルギー
c　降伏点または耐力
d　炭素当量

【55】降伏比の上限が規定されている鋼材はどれか。

a　SM490A
b　SM490B
c　SM490C
d　SN490B

次の設問【56】～【60】は各種鋼材について述べている。正しいものを1つ選び，マークシートの解答欄の該当箇所にマークせよ。

【56】TMCP鋼とは，どのような鋼か。

a　圧延後，焼入れ焼戻しの熱処理によって製造された鋼
b　圧延後，オーステナイト温度域から空冷する熱処理によって製造された鋼
c　制御圧延を行い，加速冷却して製造された鋼
d　オーステナイト温度域から急冷した後，二相温度域に再加熱・長時間保持して製造された鋼

【57】TMCP鋼の溶接施工での利点はどれか。

a　溶接棒の乾燥不要
b　高速溶接が可能

c　予熱温度の低減が可能
d　溶接変形が少ない

【58】低温のじん性を向上させる元素はどれか。
a　Cr
b　Ni
c　Si
d　Mo

【59】高温用鋼で重視される特性はどれか。
a　じん性
b　座屈強さ
c　クリープ強さ
d　破断伸び

【60】高温用鋼で耐酸化性を向上させる効果が大きい元素はどれか。
a　Mo と Cr
b　Mn と Si
c　Ni と B
d　Cu と Nb

次の設問【61】～【65】は炭素鋼の溶接部のミクロ組織と特性について述べている。正しいものを１つ選び，マークシートの解答欄の該当箇所にマークせよ。

【61】じん性が最も良好な領域はどれか。
a　粗粒域
b　混粒域
c　細粒域
d　部分変態域（二相加熱域）

【62】小入熱で溶接した場合に生じやすい現象はどれか。
a　熱影響部の硬化
b　結晶粒の粗大化
c　溶接金属の酸化
d　残留オーステナイトの生成

【63】過大な入熱で溶接した場合に生じやすい現象はどれか。
a　熱影響部の硬化
b　結晶粒の粗大化
c　マルテンサイトの生成
d　残留オーステナイトの生成

【64】高張力鋼の熱影響部において硬化原因となる組織はどれか。
a　フェライト
b　マルテンサイト
c　オーステナイト
d　セメンタイト

【65】溶接熱影響部の組織及び硬さを推定する図はどれか。

a　シェフラ組織図
b　CCT図
c　ディロング組織図
d　TTT図

次の設問【66】～【70】は鋼の溶接割れについて述べている。正しいものを1つ選び，マークシートの解答欄の該当箇所にマークせよ。

【66】低温割れの原因となるのはどれか。

a　酸素
b　窒素
c　アルゴン
d　水素

【67】低温割れの防止策として有効なものはどれか。

a　溶接入熱の低減
b　予熱
c　溶接割れ感受性組成（P_{CM}）が大きい鋼材の使用
d　イルミナイト系溶接棒の使用

【68】凝固割れの防止策として有効なものはどれか。

a　不純物元素（P及びS）量の低減
b　水素量の低減
c　継手の拘束
d　溶接後熱処理（PWHT）

【69】熱影響部において粒界に存在する低融点化合物が局部溶融することで生じる割れはどれか。

a　凝固割れ
b　液化割れ
c　延性低下割れ
d　低温割れ

【70】溶接後熱処理などの熱処理を施した際，余盛止端部で生じる割れはどれか。

a　凝固割れ
b　ラメラテア
c　再熱割れ
d　遅れ割れ

次の設問【71】～【75】は溶接材料について述べている。正しいものを1つ選び，マークシートの解答欄の該当箇所にマークせよ。

【71】被覆アーク溶接棒の被覆剤の役割はどれか。

a　ヒュームの発生を抑制する
b　溶融金属を大気から保護する
c　水素ガスの拡散を容易にする
d　溶接変形を少なくする

【72】低水素系被覆アーク溶接棒の特徴はどれか。

a　溶込みを増加させる
b　耐割れ性を向上させる
c　スラグ剥離性を改善する
d　耐酸化性を向上させる

【73】イルミナイト系溶接棒の特徴はどれか。

a　溶込みが浅く，薄板溶接用として優れている
b　300～400℃に乾燥しても作業性が変わらない
c　溶接部の水素量が少ない
d　作業性がよく，ビード外観が優れている

【74】サブマージアーク溶接用ボンドフラックスの特徴はどれか。

a　耐吸湿性が優れている
b　使用前の乾燥は不要である
c　合金元素の添加が容易である
d　溶接変形を少なくする

【75】サブマージアーク溶接用溶融フラックスの特徴はどれか。

a　耐吸湿性が優れている
b　水に濡れても使用できる
c　合金元素の添加が容易である
d　溶接変形を少なくする

次の設問【76】～【80】はマグ溶接について述べている。正しいものを１つ選び，マークシートの解答欄の該当箇所にマークせよ。

【76】マグ溶接が被覆アーク溶接に比べて，一般に優れている特性はどれか。

a　高温割れの防止
b　再熱割れの防止
c　低温割れの防止
d　アンダカットの防止

【77】マグ溶接用ソリッドワイヤで，被覆アーク溶接棒の心線と比較して，添加量が多い元素はどれか。

a　SiとMn
b　SiとNi
c　MnとS
d　PとS

【78】シールドガスに100%CO_2を用いるマグ溶接用ソリッドワイヤはどれか。

a　YGW11
b　YGW15
c　YGW17
d　YGW19

【79】100%炭酸ガス用の溶接ワイヤを用いて，80%アルゴン＋20%炭酸ガスの混合ガス中で溶接した場合，どのようなことが起こるか。

a　溶接金属中のSi，Mnが少なく，強度が低下する
b　溶接金属中のSi，Mnが少なく，強度が増加する
c　溶接金属中のSi，Mnが多く，強度が低下する
d　溶接金属中のSi，Mnが多く，強度が増加する

【80】スラグ系フラックス入りワイヤを用いたとき，ソリッドワイヤに比べて少なくなるのはどれか。

a　拡散性水素
b　スパッタ
c　ブローホール
d　溶接割れ

次の設問【81】～【85】はステンレス鋼について述べている。正しいものを1つ選び，マークシートの解答欄の該当箇所にマークせよ。

【81】オーステナイト系ステンレス鋼はどれか。

a　SUS410
b　SUS430
c　SUS316
d　SUS329J3L

【82】オーステナイト系ステンレス鋼に発生する凝固割れの防止策はどれか。

a　拡散性水素量の低減
b　予熱の実施
c　デルタフェライトを晶出する溶接材料の使用
d　600～650℃での溶接後熱処理の実施

【83】フェライト系ステンレス鋼溶接部の組織が粗大化することによって最も低下する特性はどれか。

a　硬さ
b　じん性
c　耐食性
d　引張強さ

【84】オーステナイト系ステンレス鋼の溶接熱影響部に生じる鋭敏化の主原因はどれか。

a　不純物元素による低融点液膜の形成
b　クロム炭化物の粒界析出
c　クロム酸化物の形成
d　シグマ相の析出

【85】ステンレス鋼溶接金属のフェライト量を予測するときに用いるのはどれか。

a　CCT図
b　ネルソン線図
c　シェフラ組織図
d　TTT図

次の設問【86】～【90】は鉄鋼材料の破壊の特徴について述べている。正しいものを1つ選び，マークシートの解答欄の該当箇所にマークせよ。

【86】ぜい性破面に見られる特徴はどれか。

a　ビーチマーク
b　シェブロンパターン
c　繊維状破面
d　ピット

【87】疲労破面に見られる特徴はどれか。

a　ビーチマーク
b　シェブロンパターン
c　繊維状破面
d　ピット

【88】延性破面に見られる特徴はどれか。

a　ビーチマーク
b　シェブロンパターン
c　繊維状破面
d　ピット

【89】腐食面に見られる特徴はどれか。

a　ビーチマーク
b　シェブロンパターン
c　繊維状破面
d　ピット

【90】ぜい性破壊の伝播速度の特徴はどれか。

a　疲労破壊や延性破壊よりも速い
b　疲労破壊よりは速いが延性破壊よりも遅い
c　疲労破壊よりは遅いが延性破壊よりも速い
d　疲労破壊や延性破壊よりも遅い

次の設問【91】～【95】は溶接継手の強さについて述べている。正しいものを１つ選び，マークシートの解答欄の該当箇所にマークせよ。

【91】溶接継手の引張強さは，残留応力の影響をどのように受けるか。

a　圧縮残留応力の影響で増加する
b　引張残留応力の影響で増加する
c　引張残留応力の影響で低下する
d　残留応力の影響を受けない

【92】溶接継手（余盛付き）の疲れ強さは，機械的性質とどのように関係するか。

a　材料の降伏応力に比例して大きくなる
b　材料の引張強さに比例して大きくなる
c　材料の破断伸びに比例して大きくなる
d　材料の静的強さ（降伏応力や引張強さ）にほぼ無関係である

【93】溶接継手の疲れ強さ（高サイクル疲労）は，残留応力の影響をどのように受けるか。

a　圧縮残留応力の影響で低下する
b　引張残留応力の影響で低下する

c　引張残留応力の影響で増加する
d　残留応力の影響を受けない

【94】溶接継手のぜい性破壊強さは，残留応力の影響をどのように受けるか。

a　圧縮残留応力の影響で低下する
b　引張残留応力の影響で低下する
c　引張残留応力の影響で増加する
d　残留応力の影響を受けない

【95】溶接継手のぜい性破壊強さを確保するための材料選択はどれか。

a　引張強さの大きな材料を使用する
b　シャルピー吸収エネルギーの大きな材料を使用する
c　破面遷移温度の高い材料を使用する
d　炭素当量の高い材料を使用する

次の設問【96】～【100】は溶接変形と残留応力について述べている。正しいものを１つ選び，マークシートの解答欄の該当箇所にマークせよ。

【96】平板突合せ溶接継手では，最大残留応力はどの方向に生じるか。

a　溶接線方向
b　溶接線直角方向
c　溶接線から45度傾いた方向
d　板厚方向

【97】溶接残留応力の最大値は材料の降伏応力の影響をどのように受けるか。

a　降伏応力が大きいと小さくなる
b　降伏応力が大きいと大きくなる
c　降伏応力が小さいと大きくなる
d　降伏応力の影響を受けない

【98】溶接残留応力の最大値は溶接入熱の影響をどのように受けるか。

a　溶接入熱が増加すると小さくなる
b　溶接入熱が増加すると大きくなる
c　ある値の溶接入熱で最大となる
d　溶接入熱の影響を受けない

【99】横収縮は溶接入熱の影響をどのように受けるか。

a　溶接入熱が増加すると小さくなる
b　溶接入熱が増加すると大きくなる
c　ある値の溶接入熱で最大となる
d　溶接入熱の影響を受けない

【100】角変形は溶接入熱の影響をどのように受けるか。

a　溶接入熱が増加すると小さくなる
b　溶接入熱が増加すると大きくなる
c　ある値の溶接入熱で最大となる
d　溶接入熱の影響を受けない

次の設問【101】～【105】はJIS Z 3021溶接記号について述べている。正しいものを１つ選び，マークシートの解答欄の該当箇所にマークせよ。

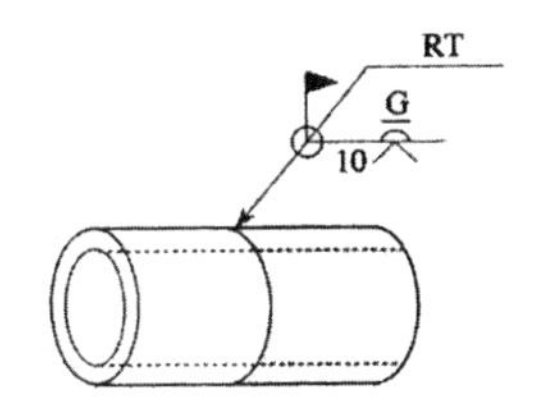

【101】図中の溶接記号「10∧」は何を表しているか。

a　鋼管の外側から開先深さ10mmのＶ形開先をとる
b　鋼管の内側から開先深さ10mmのＶ形開先をとる
c　鋼管の外側から溶接深さ10mmのＶ形開先をとる
d　鋼管の内側から溶接深さ10mmのＶ形開先をとる

【102】図中の溶接記号「⌓」は何を表しているか。

a　裏波溶接を行う
b　裏当て金をつける
c　裏溶接を行う
d　裏はつりを行う

【103】図中の溶接記号「G」は何を表しているか。

a　余盛を切削して平らに仕上げる
b　余盛をグラインダで平らに仕上げる
c　余盛を研磨して平らに仕上げる
d　余盛をチッピング（はつり）で平らに仕上げる

【104】図中の溶接記号「⚑」は何を表しているか。

a　自動溶接
b　全周溶接
c　現場溶接
d　工場溶接

【105】図中の溶接記号「RT」は何を表しているか。

a　鋼管内部線源の放射線透過試験
b　鋼管外部線源の放射線透過試験
c　鋼管内部からの浸透探傷試験
d　鋼管外部からの浸透探傷試験

次の設問【106】～【110】は両面あて金すみ肉溶接継手に引張荷重Pが作用する場合の許容最大荷重を算定する手順を記している。正しいものを１つ選び，マークシートの解答欄の該当箇所にマークせよ。ただし，許容引張応力は140N/mm^2，許容せん断応力は80N/mm^{2}で，$1/\sqrt{2}=0.7$とする。

【106】すみ肉溶接部ののど厚は何mmか。

a　5mm
b　7mm
c　10mm
d　14mm

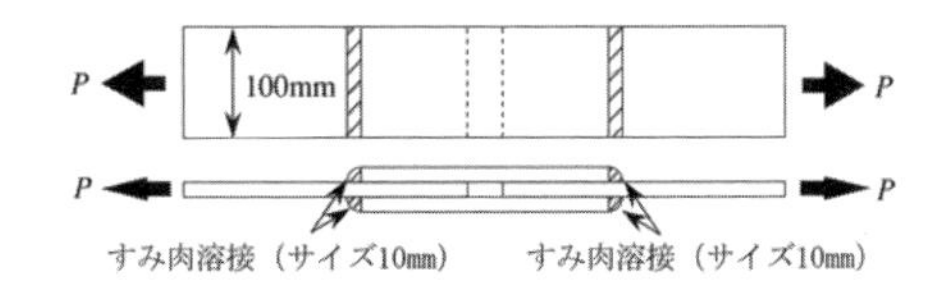

【107】１つのすみ肉溶接の有効溶接長さは100mmで，荷重は表裏一対のすみ肉溶接継手

により伝達される。強度計算に用いる全有効溶接長さは何mmか。

a　100mm
b　200mm
c　400mm
d　800mm

【108】強度計算に用いる有効のど断面積は何mm^2か。

a　1,400mm^2
b　2,000mm^2
c　2,800mm^2
d　4,000mm^2

【109】この継手の許容応力は何N/mm^2か。

a　80N/mm^2
b　110N/mm^2
c　140N/mm^2
d　220N/mm^2

【110】許容最大荷重はいくらか。

a　112kN
b　196kN
c　224kN
d　392kN

次の設問【111】～【115】は溶接継手設計について述べている。正しいものを1つ選び，マークシートの解答欄の該当箇所にマークせよ。

【111】図の板厚の異なる突合せ溶接継手の，強度計算に用いるのど厚はどれか。

a　$t_2 - t_1$
b　$(t_2+t_1)/2$
c　t_2
d　t_1。

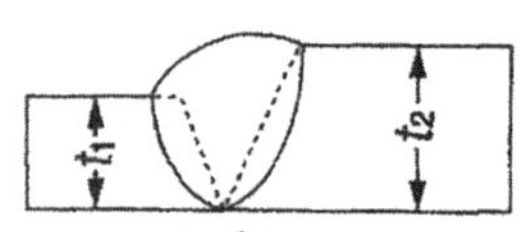

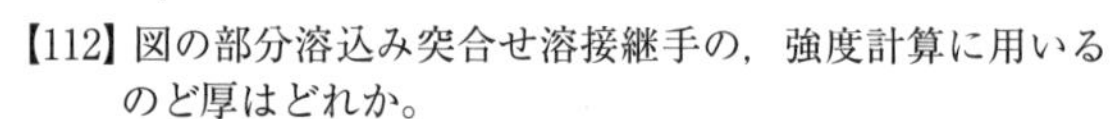

【112】図の部分溶込み突合せ溶接継手の，強度計算に用いるのど厚はどれか。

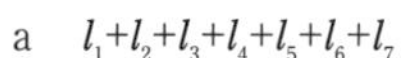

a　$l_1+l_2+l_3+l_4+l_5+l_6+l_7$
b　$l_1+l_2+l_3+l_5+l_6+l_7$
c　$l_2+l_3+l_5+l_6$
d　l_2+l_6

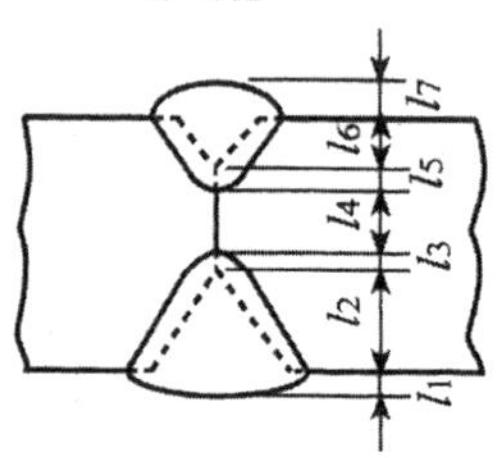

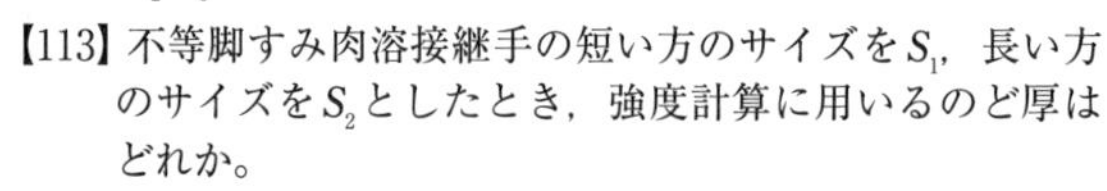

【113】不等脚すみ肉溶接継手の短い方のサイズをS_1，長い方のサイズをS_2としたとき，強度計算に用いるのど厚はどれか。

a　$S_1 \times (1/\sqrt{2})$
b　$S_2 \times (1/\sqrt{2})$
c　$(S_2 - S_1) \times (1/\sqrt{2})$
d　$(S_1+S_2)/2 \times (1/\sqrt{2})$

【114】安全率の定義はどれか。

a　基準強さ／許容応力
b　許容応力／基準強さ
c　基準強さ／引張強さ
d　引張強さ／基準強さ

【115】鋼構造設計規準では，せん断荷重に対する安全率は引張荷重に対する安全率の何倍か。

a　$1/\sqrt{2}$倍
b　1/2倍
c　$1/\sqrt{3}$倍
d　1倍

次の設問【116】～【120】は品質及び品質管理について述べている。正しいものを１つ選び，マークシートの解答欄の該当箇所にマークせよ。

【116】品質管理活動はどれか。

a　目標とする品質を設定する活動
b　製品の性能を向上させる活動
c　顧客の要求を調査する活動
d　要求品質を満たすための活動

【117】テクニカルレビュー(デザインレビュー)，溶接施工，非破壊検査結果などを記録した文書はどれか。

a　品質マニュアル
b　品質記録
c　溶接施工要領書
d　検査要領書

【118】ISO3834（JIS Z 3400）は何を定めた規格か。

a　品質マネジメントシステム
b　溶接管理－任務及び責任
c　溶接の品質要求事項（金属材料の融接に関する品質要求事項）
d　金属材料の溶接施工要領及びその承認－一般原則

【119】ISO14731（JIS Z 3410）は何を定めた規格か。

a　品質マネジメントシステム
b　溶接管理－任務及び責任
c　溶接の品質要求事項（金属材料の融接に関する品質要求事項）
d　金属材料の溶接施工要領及びその承認－一般原則

【120】溶接の妥当性再確認に関するものはどれか。

a　非破壊試験成績書の保管
b　作業指示書の作成
c　製造時溶接試験の実施
d　溶接技能者の資格認証

次の設問【121】～【125】は品質及び生産性について述べている。正しいものを１つ選び，マークシートの解答欄の該当箇所にマークせよ。

【121】設計部門が決める品質はどれか。

a　設計の品質，及び，できばえの品質
b　設計の品質，及び，ねらいの品質
c　製造の品質，及び，できばえの品質
d　製造の品質，及び，ねらいの品質

【122】設計図書に最も関係するのはどれか。

a　トレーサビリティ
b　製造のばらつき
c　設備の承認
d　デザインレビュー

【123】工程能力はどれか。

a　量的能力
b　質的能力
c　販売能力
d　購入能力

【124】生産能力は工場能力を何％稼動させた時のものか。

a　50％
b　70％
c　80％
d　100％

【125】品質管理における欧米のアプローチの特徴はどれか。

a　ボトムアップ
b　根回し
c　供給者重視
d　契約

次の設問【126】～【130】は溶接施工について述べている。正しいものを１つ選び，マークシートの解答欄の該当箇所にマークせよ。

【126】pWPSはどれか。

a　承認前の溶接施工要領書
b　承認された溶接施工要領書
c　承認前の溶接施工法承認記録
d　承認された溶接施工法承認記録

【127】WPQT（WPT）はどれか。

a　溶接施工法試験
b　溶接施工法承認記録
c　溶接施工要領書
d　溶接検査要領書

【128】WPAR（WPQR）はどれか。

a　溶接施工法試験
b　溶接施工法承認記録
c　溶接施工要領書

d　溶接検査要領書

【129】標準化された試験材の溶接及び試験による溶接施工要領の承認方法はどれか。

a　製造前溶接試験による承認
b　溶接施工法試験による承認
c　承認された溶接材料の使用による承認
d　過去の溶接実績による承認

【130】マグ溶接で溶接施工法承認を取得した場合，承認される溶接法はどれか。

a　マグ溶接と被覆アーク溶接
b　マグ溶接とミグ溶接
c　マグ溶接とティグ溶接
d　マグ溶接のみ

次の設問【131】～【135】は溶接コスト及び生産性について述べている。正しいものを１つ選び，マークシートの解答欄の該当箇所にマークせよ。

【131】溶接コストの構成で正しいのはどれか。

a　溶接材料費と溶接設備使用費
b　溶接労務費と溶接設備使用費
c　溶接労務費と溶接材料費
d　溶接労務費，溶接材料費及び溶接設備使用費

【132】溶接コストの低減に最も役立つのはどれか。

a　開先精度の緩和
b　被覆アーク溶接の適用拡大
c　大ブロック化
d　上向溶接の適用拡大

【133】溶接コストに最も大きく関わるのはどれか。

a　溶接機の許容使用率
b　溶接作業環境
c　溶接施工方法
d　溶接機台数

【134】溶接の生産性を定義する投入（インプット）に該当するのはどれか。

a　溶接機台数
b　生産量
c　溶接長
d　製品個数

【135】溶接の生産性を定義する産出（アウトプット）に該当するのはどれか。

a　溶接機台数
b　溶接材料
c　溶接長
d　溶接技能者数

次の設問【136】～【140】は加工について述べている。正しいものを１つ選び，マークシートの解答欄の該当箇所にマークせよ。

【136】開先精度管理に含まれないものはどれか。

a　目違い
b　ルート面
c　角変形
d　開先角度

【137】曲げ加工に用いない方法はどれか。

a　プレス
b　ローラ
c　ガスバーナ
d　ウォータジェット

【138】冷間加工で注意すべきことはどれか。

a　じん性の劣化
b　静的強度の低下
c　結晶粒の粗大化
d　高温割れ感受性の増大

【139】780N/mm^{2}級高張力鋼の場合，冷間加工度の限界目安はどれか。

a　1%
b　5%
c　10%
d　15%

【140】焼戻し温度以下で熱間加工すべき鋼材はどれか。

a　軟鋼
b　低炭素鋼
c　非調質高張力鋼
d　調質高張力鋼

次の設問【141】～【145】は低水素系被覆アーク溶接棒の管理について述べている。正しいものを１つ選び，マークシートの解答欄の該当箇所にマークせよ。

【141】溶接棒を乾燥させる主目的はどれか。

a　低温割れの防止
b　高温割れの防止
c　溶込不良の防止
d　ヒュームの低減

【142】溶接棒の乾燥温度はどれか。

a　50～100℃
b　150～200℃
c　300～400℃
d　500～600℃

【143】溶接棒の乾燥時間はどれか。

a　5～10分
b　30～60分

c　100～150分
d　200～300分

【144】溶接棒の乾燥後に使用する保管容器の標準的な温度はどれか。

a　50～100℃
b　100～150℃
c　150～250℃
d　250～350℃

【145】高張力鋼用溶接棒の大気中での標準的な許容放置時間はどれか。

a　2時間
b　5時間
c　10時間
d　20時間

次の設問【146】～【150】は予熱，パス間温度及び直後熱について述べている。正しいものを１つ選び，マークシートの解答欄の該当箇所にマークせよ。

【146】予熱の効果はどれか。

a　スラグはく離性の改善
b　組織の微細化
c　鋭敏化の防止
d　拡散性水素の放出促進

【147】予熱温度を高くすると熱影響部の最高硬さはどうなるか。

a　低くなる
b　変わらない
c　高くなる
d　低くなる場合と高くなる場合がある

【148】多層溶接で，溶接部のじん性低下を抑制する対策はどれか。

a　溶接入熱を増やしてパス数を減らす
b　予熱温度を上げる
c　直後熱を行う
d　パス間温度の上限を規定する

【149】直後熱の目的はどれか。

a　じん性を向上させる
b　残留応力を緩和させる
c　低温割れを防止する
d　強度を向上させる

【150】直後熱の一般的な温度はどれか。

a　50～100℃
b　100～150℃
c　200～350℃
d　550～650℃

次の設問【151】～【155】はサブマージアーク溶接について述べている。正しいものを１つ選び，マークシートの解答欄の該当箇所にマークせよ。

【151】太径ワイヤを用いたサブマージアーク溶接の特長はどれか。

a　全姿勢溶接に適用できる
b　低温割れが生じにくい
c　大電流が使用できる
d　ロボット溶接に適している

【152】溶接入熱が大きくなると熱影響部に生じやすい特性はどれか。

a　細粒化や硬化
b　細粒化やぜい化
c　粗粒化や硬化
d　粗粒化やぜい化

【153】高速溶接に適したフラックスはどれか。

a　ガラス繊維フラックス
b　固形フラックス
c　溶融フラックス
d　ボンドフラックス

【154】粉末状原料を造粒，焼成，粒度調整したフラックスはどれか。

a　ガラス繊維フラックス
b　固形フラックス
c　溶融フラックス
d　ボンドフラックス

【155】母材の希釈が最も大きい溶接はどれか。

a　Ｉ形開先片面一層溶接
b　Ｖ形開先多層溶接
c　Ｘ形開先多層溶接
d　帯状電極肉盛溶接

次の設問【156】～【160】は溶接変形の低減について述べている。正しいものを１つ選び，マークシートの解答欄の該当箇所にマークせよ。

【156】溶接変形低減に効果のある溶着法はどれか。

a　後退法
b　ブロック法
c　飛石法
d　カスケード法

【157】溶接部の角変形を小さくする方法はどれか。

a　カスケード法
b　バタリング法
c　飛石法
d　逆ひずみ法

【158】突合せ継手で横収縮を低減させる方法はどれか。

a　開先断面積を小さくする
b　開先角度を大きくする
c　目違い修正ピースを用いる
d　スカラップを用いる

【159】ストロングバックで低減できる溶接変形はどれか。

a　座屈変形
b　縦収縮
c　角変形
d　縦曲り変形

【160】溶接変形の矯正に用いられる方法はどれか。

a　PWHT（溶接後熱処理）
b　線状加熱
c　テンパビード法
d　直後熱

次の設問【161】～【165】はラメラテア及び再熱割れについて述べている。正しいものを１つ選び，マークシートの解答欄の該当箇所にマークせよ。

【161】ラメラテアを生じさせる応力はどれか。

a　鋼板圧延方向の引張応力
b　鋼板圧延方向の圧縮応力
c　鋼板厚さ方向の引張応力
d　鋼板厚さ方向の圧縮応力

【162】ラメラテアが最も生じやすい継手はどれか。

a　一層Ｔ継手
b　多層十字継手
c　薄板の突合せ継手
d　厚板の突合せ継手

【163】ラメラテアの起点となるのはどれか。

a　非金属介在物
b　アンダカット
c　ブローホール
d　ピット

【164】再熱割れの発生位置はどこか。

a　母材原質域
b　細粒域
c　混粒域
d　粗粒域

【165】再熱割れの防止策はどれか。

a　大入熱で溶接する
b　小入熱で溶接する
c　PWHTを行う

d　CrやMoを含む母材を選択する

次の設問【166】～【170】は溶接継手の非破壊試験方法について述べている。正しいものを１つ選び，マークシートの解答欄の該当箇所にマークせよ。

【166】ブローホールを検出するのに適した試験方法はどれか。

a　磁粉探傷試験
b　超音波探傷試験
c　浸透探傷試験
d　放射線透過試験

【167】融合不良を検出するのに適した試験方法はどれか。

a　磁粉探傷試験
b　超音波探傷試験
c　浸透探傷試験
d　放射線透過試験

【168】柱・梁溶接部の溶込不良を検出するのに適した試験方法はどれか。

a　磁粉探傷試験
b　超音波探傷試験
c　浸透探傷試験
d　放射線透過試験

【169】高張力鋼のジグ跡の割れを検出するのに適した試験方法はどれか。

a　外観試験
b　超音波探傷試験
c　磁粉探傷試験
d　放射線透過試験

【170】アルミニウム合金溶接部の表面割れを検出するのに適した試験方法はどれか。

a　超音波探傷試験
b　浸透探傷試験
c　磁粉探傷試験
d　放射線透過試験

次の設問【171】～【175】は溶接内部の非破壊試験方法について述べている。正しいものを１つ選び，マークシートの解答欄の該当箇所にマークせよ。

【171】放射線透過試験における透過度計の使用目的はどれか。

a　放射線エネルギーの強弱の確認
b　検出できるきずの位置の確認
c　透過写真の像質が規定を満足しているかの確認
d　透過写真の濃度の確認

【172】放射線透過試験で検出困難な欠陥はどれか。

a　ラメラテア
b　ブローホール
c　スラグ巻込み

d　溶込不良

【173】余盛のある突合せ溶接部の超音波探傷試験で一般に用いられる手法はどれか。

a　垂直探傷法
b　斜角探傷法
c　水浸探傷法
d　屈折探傷法

【174】超音波探傷試験の適用が困難な溶接部はどれか。

a　低炭素鋼溶接部
b　アルミニウム合金溶接部
c　オーステナイト系ステンレス鋼溶接部
d　高張力鋼溶接部

【175】放射線透過試験が超音波探傷試験より優れている点はどれか。

a　きずの種類判別ができる
b　きずの深さ位置が測定できる
c　試験体の曲率の影響を受けない
d　厚板の検査に適している

次の設問【176】～【180】は溶接部表面の非破壊試験について述べている。正しいものを１つ選び，マークシートの解答欄の該当箇所にマークせよ。

【176】溶接前の外観試験の対象はどれか。

a　ラメラテア
b　角変形
c　横収縮
d　目違い

【177】磁粉探傷試験において試験体に直接電流を流す磁化方法はどれか。

a　電流貫通法
b　極間法
c　プロッド法
d　コイル法

【178】磁粉探傷試験に関する記述で正しいのはどれか。

a　チタン合金の検査に適用できる
b　高張力鋼の検査ではプロッド法が適用される
c　磁束の方向に直角なきずが検出できる
d　微細な欠陥の検出には非蛍光乾式磁粉が用いられる

【179】浸透探傷試験に関する記述で正しいのはどれか。

a　試験材料の温度の影響を受けない
b　表面粗さの影響を受けない
c　強磁性体のみに適用できる
d　非鉄金属にも適用できる

【180】速乾式現像法による溶剤除去性浸透探傷試験の手順はどれか。

a　前処理→浸透処理→除去処理→現像処理→観察

b　前処理→浸透処理→現像処理→除去処理→観察
c　前処理→除去処理→浸透処理→現像処理→観察
d　前処理→現像処理→浸透処理→除去処理→観察

次の設問【181】～【185】は感電に関する安全衛生について述べている。正しいものを1つ選び，マークシートの解答欄の該当箇所にマークせよ。

【181】JIS C 9311「交流アーク溶接電源用電撃防止装置」で規定されている始動時間の意味はどれか。

a　溶接棒が短絡してから溶接電流が流れるまでの時間
b　溶接棒が短絡して短絡電圧になるまでの時間
c　溶接棒が短絡してから無負荷電圧が発生するまでの時間
d　溶接棒が短絡してから電撃防止装置が作動するまでの時間

【182】JIS C 9311で規定されている始動時間はどれか。

a　0.01秒以下
b　0.06秒以下
c　0.10秒以下
d　0.20秒以下

【183】JIS C 9311で規定されている遅動時間の意味はどれか。

a　消弧後，次の溶接ができるようになるまでの時間
b　溶接棒が短絡した後，溶接が開始できるまでの時間
c　消弧後，無負荷電圧が安全電圧に変わるまでの時間
d　消弧後，溶接機の温度が溶接開始時の温度までに下がるまでの時間

【184】感電に関する事項で正しいのはどれか。

a　被覆アーク溶接棒は心線が被覆されているので，感電の危険性がない
b　雨天であっても電撃防止装置を用いれば，感電の危険性はない
c　絶縁形溶接棒ホルダを用いれば，電撃防止装置を用いなくてよい
d　交流は直流よりも感電に対する危険度は高い

【185】感電事故が起きた場合に直ちに行う対処方法はどれか。

a　被災者を抱えて作業場から移動させる
b　溶接電源・配電盤のスイッチをオフにする
c　周辺溶接作業者が感電していないかどうかの確認を行う
d　漏電していないかどうかの点検を行う

次の設問【186】～【190】は粉じんに対する安全衛生について述べている。正しいものを1つ選び，マークシートの解答欄の該当箇所にマークせよ。

【186】粉じん障害防止規則で定められている粉じん作業に該当する溶接法はどれか。

a　電子ビーム溶接
b　ガス溶接
c　レーザ溶接
d　マグ溶接

【187】粉じん障害防止規則で，作業場以外に設けることを規定しているのはどれか。

a　休憩設備
b　喫煙設備
c　運動設備
d　更衣設備

【188】溶接ヒュームを多量に吸い込むと発生する急性症状はどれか。

a　電気性眼炎
b　金属熱
c　じん肺
d　肺結核

【189】溶接ヒュームへの対策で最も効果があるのはどれか。

a　防塵マスクの使用
b　半自動溶接の採用
c　溶接作業場所の全体換気
d　電動ファン付き呼吸用保護具の使用

【190】粉じん作業を行う屋内作業場の清掃で正しいものはどれか。

a　毎日の始業時に実施
b　毎日の終業時に実施
c　１週間に１回実施
d　２週間に１回実施

次の設問【191】～【195】はガス溶接・切断時の安全・衛生について述べている。正しいものを一つ選び，マークシートの解答欄の該当箇所にマークせよ。

【191】ガス切断用燃料ガス集合装置の配管系に装着する安全器の役割は何か。

a　火災防止
b　火傷防止
c　逆火防止
d　ガス漏れ防止

【192】ガス切断装置で，逆火が起こりやすい条件はどれか。

a　ガス噴出速度<混合ガスの燃焼速度
b　ガス噴出速度＝混合ガスの燃焼速度
c　ガス噴出速度>混合ガスの燃焼速度
d　ガス噴出速度と混合ガスの燃焼速度には無関係

【193】容器保安規則及びJISで定める酸素用ガス容器とそのゴムホースの識別色はどれか。

a　容器は緑色，ホースは緑色
b　容器は緑色，ホースは青色
c　容器は黒色，ホースは緑色
d　容器は黒色，ホースは青色

【194】各切断法の標準条件で切断する場合，発生するヒューム量が最も多いのはどれか。

a　ガス切断
b　プラズマ切断
c　レーザ切断

d　ウォータジェット切断

【195】プラズマ切断作業において，聴覚に最も影響を与える騒音はどれか。

a　低音域の騒音
b　中音域の騒音
c　高音域の騒音
d　全音域の騒音

次の設問【196】～【200】は光線などについて述べている。正しいものを１つ選び，マークシートの解答欄の該当箇所にマークせよ。

【196】ファイバーレーザ光が目に入ると最も起こりやすい障害はどれか。

a　緑内障
b　電気性眼炎
c　角膜障害
d　網膜障害

【197】CO_2レーザ光が目に入ると最も起こりやすい障害はどれか。

a　緑内障
b　電気性眼炎
c　角膜障害
d　網膜障害

【198】溶接電流が75～200Aの被覆アーク溶接で，望ましいフィルタプレートの遮光番号はどれか。

a　5～6
b　7～8
c　9～11
d　13～14

【199】溶接アーク及びガス炎から発生しないのはどれか。

a　赤外線
b　紫外線
c　可視光線
d　X線

【200】急性電気性眼炎を引き起こすものはどれか。

a　赤外線
b　紫外線
c　可視光線
d　X線

●2019年11月３日出題　２級試験問題●
解答例

【1】d，【2】c，【3】a，【4】b，【5】a，【6】a，【7】c，【8】b，
【9】c，【10】c，【11】d，【12】c，【13】c，【14】b，【15】c，【16】b，
【17】a，【18】d，【19】d，【20】b，【21】c，【22】c，【23】d，【24】b，
【25】b，【26】a，【27】b，【28】b，【29】b，【30】a，【31】b，【32】a，
【33】b，【34】a，【35】d，【36】b，【37】b，【38】c，【39】b，【40】c，
【41】b，【42】c，【43】b，【44】d，【45】d，【46】b，【47】d，【48】a，
【49】d，【50】b，【51】b，【52】d，【53】b，【54】d，【55】d，【56】c，
【57】c，【58】b，【59】c，【60】a，【61】c，【62】a，【63】b，【64】b，
【65】b，【66】d，【67】b，【68】a，【69】b，【70】c，【71】b，【72】b，
【73】d，【74】c，【75】a，【76】c，【77】a，【78】a，【79】d，【80】b，
【81】c，【82】c，【83】b，【84】b，【85】c，【86】b，【87】a，【88】c，
【89】d，【90】a，【91】d，【92】d，【93】b，【94】b，【95】b，【96】a，
【97】b，【98】d，【99】b，【100】c，【101】a，【102】c，【103】b，【104】c，
【105】a，【106】b（解説：のど厚＝サイズ×0.7），【107】b，【108】a（解説：有効のど断面積＝のど厚×有効溶接長さ），【109】a（解説：すみ肉溶接継手なので許容せん断応力を採用する），【110】a（解説：許容最大荷重＝有効のど断面積×許容応力），【111】d，【112】d，【113】a，【114】a，【115】d，【116】d，【117】b，
【118】c，【119】b，【120】c，【121】b，【122】d，【123】b，【124】d，【125】d，
【126】a，【127】a，【128】b，【129】b，【130】d，【131】d，【132】c，【133】c，
【134】a，【135】c，【136】c，【137】d，【138】a，【139】b，【140】d，【141】a，
【142】c，【143】b，【144】b，【145】a，【146】d，【147】a，【148】d，【149】c，
【150】c，【151】c，【152】d，【153】c，【154】d，【155】a，【156】c，【157】d，
【158】a，【159】c，【160】b，【161】c，【162】b，【163】a，【164】d，【165】b，
【166】d，【167】b，【168】b，【169】c，【170】b，【171】c，【172】a，【173】b，
【174】c，【175】a，【176】d，【177】c，【178】c，【179】d，【180】a，【181】c，
【182】b，【183】c，【184】d，【185】b，【186】d，【187】a，【188】b，【189】d，
【190】b，【191】c，【192】a，【193】d，【194】b，【195】c，【196】d，【197】c，
【198】c，【199】d，【200】b

●2019年６月９日出題●

２級試験問題

次の設問【１】～【５】は金属の接合方法 について述べている。正しいものを１つ選び，マークシートの解答欄の該当箇所にマークせよ。

【１】電気エネルギーを加熱に利用する接合方法はどれか。

a　超音波圧接
b　アプセット溶接
c　テルミット溶接
d　摩擦圧接

【２】化学エネルギーを加熱に利用する接合方法はどれか。

a　拡散接合
b　エレクトロガスアーク溶接
c　エレクトロスラグ溶接
d　ガス圧接

【３】力学的エネルギーを加熱に利用する接合方法はどれか。

a　摩擦撹拌接合
b　抵抗スポット溶接
c　スタッド溶接
d　フラッシュ溶接

【４】光エネルギーを加熱に利用する接合方法はどれか。

a　電子ビーム溶接
b　拡散接合
c　レーザ溶接
d　誘導加熱ろう付

【５】機械的接合方法はどれか。

a　プロジェクション溶接
b　アプセット溶接
c　ウェルドボンド
d　リベット接合

次の設問【６】～【10】は溶接法 について述べている。正しいものを１つ選び，マークシートの解答欄の該当箇所にマークせよ。

【６】両溶接法がアーク溶接に分類されるのはどれか。

a　ガス溶接と被覆アーク溶接
b　マグ溶接とミグ溶接
c　サブマージアーク溶接とフラッシュ溶接
d　エレクトロスラグ溶接とエレクトロガスアーク溶接

【7】両溶接法が抵抗溶接に分類されるのはどれか。

a　アプセット溶接と拡散接合
b　電子ビーム溶接と摩擦攪拌接合
c　プロジェクション溶接とシーム溶接
d　フラッシュ溶接とレーザ溶接

【8】両溶接法がガスシールドアーク溶接に分類されるのはどれか。

a　ティグ溶接とフラッシュ溶接
b　プラズマアーク溶接とエレクトロガスアーク溶接
c　エレクトロガスアーク溶接とエレクトロスラグ溶接
d　被覆アーク溶接とセルフシールドアーク溶接

【9】両溶接法が非溶極式アーク溶接に分類されるのはどれか。

a　マグ溶接とミグ溶接
b　ティグ溶接とプラズマアーク溶接
c　電子ビーム溶接とレーザ溶接
d　アプセット溶接とフラッシュ溶接

【10】両溶接法が溶極式アーク溶接に分類されるのはどれか。

a　ティグ溶接とミグ溶接
b　ティグ溶接とプラズマアーク溶接
c　エレクトロスラグ溶接とエレクトロガスアーク溶接
d　サブマージアーク溶接とセルフシールドアーク溶接

次の設問【11】～【15】は マグ溶接の溶滴移行形態について述べている。正しいものを１つ選び，マークシートの解答欄の該当箇所にマークせよ。

【11】シールドガスに100%CO_2を用いるマグ溶接の小電流・低電圧域での溶滴移行形態はどれか。

a　スプレー移行
b　ドロップ移行
c　反発移行
d　短絡移行

【12】シールドガスに100%CO_2を用いるマグ溶接の中電流・中電圧域での溶滴移行形態はどれか。

a　スプレー移行
b　ドロップ移行
c　反発移行
d　短絡移行

【13】シールドガスに80%Ar+20%CO_2混合ガスを用いるマグ溶接の小電流・低電圧域での溶滴移行形態はどれか。

a　スプレー移行
b　ドロップ移行
c　反発移行
d　短絡移行

【14】シールドガスに80%Ar+20%CO_2混合ガスを用いるマグ溶接の中電流・中電圧域での溶滴移行形態はどれか。

a　スプレー移行
b　ドロップ移行
c　反発移行
d　短絡移行

【15】シールドガスに80%Ar+20%CO_2混合ガスを用いるマグ溶接の大電流・高電圧域での溶滴移行形態はどれか。

a　スプレー移行
b　ドロップ移行
c　反発移行
d　短絡移行

次の設問【16】～【20】は母材の材質と溶接電源の特性および極性の組合せについて述べている。正しいものを1つ選び，マークシートの解答欄の該当箇所にマークせよ。

【16】炭素鋼を被覆アーク溶接する場合，一般に用いる溶接電源の特性と極性の組合せはどれか。

a　定電圧特性と直流・電極プラス（+）
b　定電圧特性と直流・電極マイナス（−）
c　上昇特性と交流
d　垂下特性と交流

【17】炭素鋼をマグ溶接する場合，一般に用いる溶接電源の特性と極性の組合せはどれか。

a　定電圧特性と直流・電極プラス（+）
b　定電圧特性と直流・電極マイナス（−）
c　上昇特性と交流
d　垂下特性と交流

【18】ステンレス鋼をティグ溶接する場合，一般に用いる溶接電源の特性と極性の組合せはどれか。

a　定電圧特性と直流・電極プラス（+）
b　定電圧特性と直流・電極マイナス（−）
c　定電流（垂下）特性と直流・電極プラス（+）
d　定電流（垂下）特性と直流・電極マイナス（−）

【19】ステンレス鋼をマグ溶接する場合，一般に用いる溶接電源の特性と極性の組合せはどれか。

a　定電圧特性と直流・電極プラス（+）
b　定電圧特性と直流・電極マイナス（−）
c　定電流（垂下）特性と直流・電極プラス（+）
d　定電流（垂下）特性と直流・電極マイナス（−）

【20】アルミニウム合金をティグ溶接する場合，一般に用いる溶接電源の特性と極性の組合せはどれか。

a　定電流（垂下）特性と直流・電極プラス（＋）
b　定電流（垂下）特性と直流・電極マイナス（－）
c　定電流（垂下）特性と交流
d　定電圧特性と直流・電極プラス（＋）

次の設問【21】～【25】は直流インバータ制御アーク溶接電源の特徴について述べている。正しいものを１つ選び，マークシートの解答欄の該当箇所にマークせよ。

【21】インバータの役割はどれか。
a　溶接変圧器に直流を供給する
b　溶接変圧器に商用周波数の２分の１の周波数の交流を供給する
c　溶接変圧器に商用周波数の２倍の周波数の交流を供給する
d　溶接変圧器に商用周波数よりはるかに高い周波数の交流を供給する

【22】インバータ制御周波数の範囲はどれか。
a　数Hz以下
b　数十～数百Hz
c　数千～十万Hz
d　百万Hz以上

【23】インバータ制御周波数は溶接変圧器の大きさとどのように関係するか
a　ほぼ比例する
b　ほぼ反比例する
c　関係しない
d　出力によって大きくなったり小さくなったりする

【24】サイリスタ制御電源に比較すると，出力の応答性はどうなるか。
a　遅くなる
b　変わらない
c　速くなる
d　出力電圧によって遅くなったり速くなったりする

【25】サイリスタ制御電源に比較すると，電源の大きさはどうなるか。
a　大きくなる
b　小さくなる
c　ほぼ同じ大きさである
d　極性によって大きくなったり小さくなったりする

次の設問【26】～【30】は溶接品質に及ぼす溶接条件の影響について述べている。正しいものを１つ選び，マークシートの解答欄の該当箇所にマークせよ。

【26】アーク電圧と溶接速度を一定にして，溶接電流を増加させるとどうなるか。
a　ビード幅が減少し，溶込み深さが増加する
b　ビード幅が増加し，溶込み深さが減少する
c　ビード幅が増加し，溶込み深さも増加する
d　ビード幅は変化せず，余盛高さが高くなる

【27】溶接電流と溶接速度を一定にして，アーク電圧を高くするとどうなるか。

a　ビード幅が減少し，溶込み深さが増加する
b　ビード幅が増加し，溶込み深さが減少する
c　ビード幅は変化せず，溶込み深さが増加する
d　ビード幅は変化せず，余盛高さが高くなる

【28】溶接電流とアーク電圧を一定にして，溶接速度を遅くするとどうなるか。

a　入熱が減少する
b　ビード幅が減少する
c　溶込みが減少する
d　溶込みが増加する

【29】小電流溶接で，溶接速度を速くした場合に生じるのはどれか。

a　溶落ち
b　溶込不良
c　アンダカット
d　オーバーラップ

【30】大電流溶接で，溶接速度を速くした場合に生じるのはどれか。

a　溶落ち
b　融合不良
c　アンダカット
d　オーバーラップ

次の設問【31】～【35】は溶接ロボットについて述べている。正しいものを1つ選び，マークシートの解答欄の該当箇所にマークせよ。

【31】アーク溶接ロボットに最も多く用いられている動作機構の形式はどれか。

a　円筒座標形
b　極座標形
c　多関節形
d　パラレルリンク形

【32】アーク溶接ロボットで多用される溶接法はどれか。

a　サブマージアーク溶接
b　マグ溶接
c　セルフシールドアーク溶接
d　エレクトロガスアーク溶接

【33】アーク溶接ロボットに予め動作や溶接条件などを教える作業はどれか。

a　ウィービング
b　ガウジング
c　ティーチング
d　CAD/CAM

【34】コンピュータ画面上のシミュレーションでロボットの動作プログラムを作成する作業はどれか。

a　オンラインコントロール

b　オンラインティーチング
c　オフラインティーチング
d　オフラインコントロール

【35】労働安全衛生法でアーク溶接ロボットの設置・使用時に義務付けられている事項はどれか。
a　動作範囲内へ出入りする扉へカメラを設けること
b　動作範囲内に作業状態の監視員をおくこと
c　動作範囲内への容易な侵入を防止する柵などを設けること
d　動作範囲内には電撃防止装置を設けること

次の設問【36】～【40】は切断法について述べている。正しいものを１つ選び，マークシートの解答欄の該当箇所にマークせよ。

【36】ガス切断の原理はどれか。
a　酸素とアセチレンの化学反応
b　酸素と鉄の化学反応
c　アセチレンの運動エネルギー
d　酸素の運動エネルギー

【37】パウダ切断はどの切断法を応用したものか。
a　ガス切断
b　プラズマ切断
c　レーザ切断
d　ウォータジェット切断

【38】エアプラズマ切断で切断できる材料はどれか。
a　木材
b　プラスチック
c　アルミニウム合金
d　セラミックス

【39】板厚12mm程度の鋼板の切断において，切断変形が最も小さくなる切断法はどれか。
a　ガス切断
b　プラズマ切断
c　レーザ切断
d　パウダ切断

【40】銅合金ならびにアルミニウム合金の切断に適用できない切断法はどれか。
a　ガス切断
b　プラズマ切断
c　レーザ切断
d　ウォータジェット切断

次の設問【41】～【45】は鋼について述べている。正しいものを１つ選び，マークシートの解答欄の該当箇所にマークせよ。

【41】低炭素鋼の最大炭素含有量はどれか。

a　0.3%
b　0.5%
c　0.7%
d　1.2%

【42】炭素含有量0.2%の鋼を1000℃に加熱・保持したときの組織はどれか。

a　パーライト
b　フェライト
c　オーステナイト
d　マルテンサイト

【43】炭素含有量0.2%の鋼を1000℃から徐冷したときに，フェライトが析出する温度はどれか。

a　A_1点
b　A_2点
c　A_3点
d　A_4点

【44】炭素鋼におけるパーライト組織はどれか。

a　マルテンサイトとフェライトの混合組織
b　フェライトとセメンタイトの混合組織
c　オーステナイトとセメンタイトの混合組織
d　オーステナイトとフェライトの混合組織

【45】TMCP（熱加工制御）鋼とは，どのような鋼か。

a　圧延の後，焼入焼戻しの熱処理によって製造された鋼
b　圧延の後，オーステナイト温度域から空冷する熱処理によって製造された鋼
c　圧延温度や圧下量を制御して圧延を行い，加速冷却して製造された鋼
d　オーステナイト温度域から急冷した後，二相温度域に再加熱・長時間保持して製造された鋼

次の設問【46】～【50】は鋼の熱処理について述べている。正しいものを1つ選び，マークシートの解答欄の該当箇所にマークせよ。

【46】低炭素鋼を1000℃から急冷したときの室温組織はどれか。

a　マルテンサイト
b　オーステナイトとパーライト
c　フェライトとパーライト
d　オーステナイトとフェライト

【47】低炭素鋼を1000℃から徐冷したときの室温組織はどれか。

a　オーステナイトとフェライト
b　マルテンサイトとオーステナイト
c　パーライトとオーステナイト
d　フェライトとパーライト

【48】 A_3温度より30～50℃高い温度に加熱した後，大気中で放冷する処理はどれか。

a　焼入れ
b　焼ならし
c　焼なまし
d　焼戻し

【49】 オーステナイト温度域から急冷する処理の目的はどれか。

a　硬さや強度を増すこと
b　硬さを低下させ，延性を向上させること
c　組織を粗大化させること
d　じん性を向上させること

【50】 焼戻しはどれか。

a　オーステナイト温度域から急冷する処理
b　オーステナイト温度域から炉中で徐冷する処理
c　オーステナイト温度域から空冷する処理
d　600℃程度の温度に再加熱し，空冷する処理

次の設問【51】～【55】はJIS鋼材規格について述べている。正しいものを１つ選び，マークシートの解答欄の該当箇所にマークせよ。

【51】 材料記号SM490で，数字490が表すものはどれか。

a　硬さ
b　降伏点または0.2％耐力
c　疲れ強さ
d　引張強さ

【52】 化学成分で，PおよびS量のみが規定されている鋼材はどれか。

a　SS400
b　SM400A
c　SM400B
d　SM400C

【53】 溶接構造用圧延鋼材SM490A，SM490B，SM490Cで規定値が異なるのはどれか。

a　降伏点または0.2％耐力
b　シャルピー吸収エネルギー
c　引張強さ
d　溶接割れ感受性組成

【54】 溶接割れ感受性組成（P_{CM}）を規定している鋼材はどれか。

a　SS400
b　SM400B
c　SM400C
d　SN400C

【55】 建築構造用圧延鋼材SN400Bでは，降伏比をどのように規定しているか。

a　60％以下

b　60%以上
c　80%以下
d　80%以上

次の設問【56】～【60】は各種鋼材について述べている。正しいものを１つ選び，マークシートの解答欄の該当箇所にマークせよ。

【56】一般に，高張力鋼の引張強さはいくら以上か。

a　350N/mm²
b　490N/mm²
c　570N/mm²
d　780N/mm²

【57】低温じん性を向上させる効果が大きい元素はどれか。

a　Si
b　Cr
c　C
d　Ni

【58】TMCP鋼の溶接施工での利点はどれか。

a　溶接棒の乾燥不要
b　高速溶接が可能
c　溶接後熱処理の低温・短時間化
d　予熱温度の低減

【59】高温用鋼で特に重視される特性はどれか。

a　じん性
b　座屈強さ
c　クリープ強さ
d　破断伸び

【60】化学プラントなどで用いられる耐食性の高い鋼はどれか。

a　高張力鋼
b　ステンレス鋼
c　耐火鋼
d　炭素鋼

次の設問【61】～【65】は低炭素鋼の溶接部のミクロ組織と特性について述べている。正しいものを１つ選び，マークシートの解答欄の該当箇所にマークせよ。

【61】最もぜい化している領域はどれか。

a　溶接金属
b　粗粒域
c　細粒域
d　部分変態域（二相加熱域）

【62】溶接熱影響部において，A_3点直上に加熱され，じん性などの機械的性質が良好な領域はどれか。

a　粗粒域
b　細粒域
c　部分変態域（二相加熱域）
d　母材原質域

【63】低入熱で溶接した場合に生じやすい現象はどれか。

a　熱影響部の硬化
b　結晶粒の粗大化
c　溶接金属の酸化
d　溶接金属の軟化

【64】過大な入熱で溶接した場合に生じやすい現象はどれか。

a　結晶粒の粗大化
b　結晶粒の微細化
c　熱影響部の硬化
d　マルテンサイトの生成

【65】溶接熱影響部の最高硬さの推定に用いられるものはどれか。

a　ニッケル当量
b　化学当量
c　炭素当量
d　クロム当量

次の設問【66】～【70】は鋼の溶接割れについて述べている。正しいものを１つ選び，マークシートの解答欄の該当箇所にマークせよ。

【66】低温割れの発生時期はどれか。

a　溶接中
b　溶接後数日以内
c　応力除去焼鈍時
d　低温に曝されたとき

【67】低温割れの要因となるのはどれか。

a　酸素
b　窒素
c　アルゴン
d　水素

【68】低温割れの防止策として有効なものはどれか。

a　溶接入熱の低減
b　予熱または直後熱
c　溶接割れ感受性組成（P_{CM}）が大きい鋼材の使用
d　イルミナイト系溶接棒の使用

【69】凝固割れの防止策として有効なものはどれか。

a　不純物元素（PおよびS）量の低減

b　水素量の低減
c　継手の拘束
d　溶接後熱処理（PWHT）

【70】再熱割れが生じやすい鋼はどれか。

a　溶接割れ感受性組成（P_{CM}）が小さい鋼材
b　炭素当量が小さい鋼材
c　Cr，Mo，Vなどを含有する鋼材
d　Niを含有する鋼材

次の設問【71】～【75】は溶接材料について述べている。正しいものを1つ選び，マークシートの解答欄の該当箇所にマークせよ。

【71】被覆アーク溶接棒の被覆剤の役割はどれか。

a　ヒュームの発生を抑制する
b　溶融金属を大気から保護する
c　水素の拡散を容易にする
d　溶接変形を少なくする

【72】被覆アーク溶接棒のJIS記号，E4316中の「16」は何を表すか。

a　被覆剤の系統
b　溶着金属の最小引張強さの水準
c　シャルピー吸収エネルギーの水準
d　適用できる溶接姿勢

【73】低水素系被覆アーク溶接棒の乾燥で正しいのはどれか。

a　使用前に70～100℃で乾燥する
b　使用前に300～400℃で乾燥する
c　使用前に500～600℃で乾燥する
d　溶接棒の乾燥は不要である

【74】サブマージアーク溶接用ボンドフラックスの特徴はどれか。

a　耐吸湿性が優れている
b　使用前の乾燥は不要である
c　合金元素の添加が容易である
d　溶接変形を少なくする

【75】サブマージアーク溶接用溶融フラックスの特徴はどれか。

a　耐吸湿性が優れている
b　使用前の乾燥は不要である
c　合金元素の添加が容易である
d　溶接変形を少なくする

次の設問【76】～【80】はマグ溶接・ミグ溶接について述べている。正しいものを1つ選び，マークシートの解答欄の該当箇所にマークせよ。

【76】ミグ溶接に使用されるシールドガスはどれか。

a　CO_2
b　CO_2とArの混合ガス
c　Ar
d　ArとN_2の混合ガス

【77】マグ溶接に使用されないガスはどれか。

a　N_2
b　CO_2
c　Ar
d　O_2

【78】マグ溶接が被覆アーク溶接に比べて，優れている点はどれか。

a　アンダカットの防止
b　再熱割れの防止
c　高温割れの防止
d　低温割れの防止

【79】マグ溶接用ソリッドワイヤYGW12で，被覆アーク溶接棒の心線と比較して添加量が多い元素はどれか。

a　CrとNi
b　MnとTi
c　PとS
d　SiとMn

【80】80%Ar＋20%CO_2のシールドガス用のワイヤを，100%CO_2のマグ溶接で使用した場合，どうなるか。

a　溶接金属のSiとMn量が少なくなり，強さが上昇する
b　溶接金属のSiとMn量が少なくなり，強さが低下する
c　溶接金属のSiとMn量が多くなり，強さが上昇する
d　溶接金属のSiとMn量が多くなり，強さが低下する

次の設問【81】～【85】はステンレス鋼について述べている。正しいものを１つ選び，マークシートの解答欄の該当箇所にマークせよ。

【81】オーステナイト系ステンレス鋼はどれか。

a　SUS410
b　SUS430
c　SUS316
d　SUS329J3L

【82】熱膨張係数が最も大きいステンレス鋼はどれか。

a　オーステナイト系ステンレス鋼
b　フェライト系ステンレス鋼
c　二相系ステンレス鋼
d　マルテンサイト系ステンレス鋼

【83】オーステナイト系ステンレス鋼の溶接で生じやすい割れはどれか。

a　凝固割れ

b　ラメラテア
c　ビード下割れ
d　低温割れ

【84】フェライト系ステンレス鋼の溶接部の組織が粗大化することによって低下する特性はどれか。

a　硬さ
b　じん性
c　耐食性
d　引張強さ

【85】オーステナイト系ステンレス鋼溶接熱影響部の粒界腐食防止策はどれか。

a　拡散性水素量の低減
b　予熱の実施
c　600～650℃での溶接後熱処理の実施
d　低炭素ステンレス鋼の採用

次の設問【86】～【90】は材料力学の基礎について述べている。正しいものを１つ選び，マークシートの解答欄の該当箇所にマークせよ。

【86】荷重を除去したとき，変形が元に戻る性質はどれか。

a　じん性
b　剛性
c　弾性
d　塑性

【87】荷重を除去した後も，変形が元に戻らない性質はどれか。

a　じん性
b　剛性
c　弾性
d　塑性

【88】丸棒引張試験において，最大荷重点の応力を何というか。

a　降伏点
b　0.2％耐力
c　引張強さ
d　破断応力

【89】丸棒引張試験において，20mmの標点距離が伸びて22mmになったときのひずみはいくらか。

a　0.1％
b　２％
c　10％
d　20％

【90】断面積が10mm^{2}の丸棒を500Nの荷重で引張ると，軸方向に生じる応力はいくらか。

a　0.5MPa

b　５MPa
c　50MPa
d　500MPa

次の設問【91】～【95】は材料強度の基礎について述べている。正しいものを１つ選び，マークシートの解答欄の該当箇所にマークせよ。

【91】高張力鋼が軟鋼よりも大きな値を示すのはどれか。
a　縦弾性係数
b　伸び
c　降伏比（＝0.2％耐力／引張強さ）
d　絞り

【92】ぜい性破壊の特徴はどれか。
a　負荷応力が材料の降伏点以下でも生じる
b　負荷応力が材料の降伏点に達したときに生じる
c　負荷応力が材料の降伏点を越えないと生じない
d　負荷応力が材料の引張強さに達したときに生じる

【93】疲労破壊の特徴はどれか。
a　繰返し応力が材料の降伏点以下でも生じる
b　繰返し応力が材料の降伏点に達したときに生じる
c　繰返し応力が材料の降伏点を越えないと生じない
d　繰返し応力が材料の引張強さに達したときに生じる

【94】シャルピー衝撃試験で得られるエネルギー遷移温度はどれか。
a　吸収エネルギーが下部棚エネルギーとなる上限温度
b　吸収エネルギーが下部棚エネルギーの２倍となる温度
c　吸収エネルギーが上部棚エネルギーの1/2となる温度
d　吸収エネルギーが上部棚エネルギーとなる下限温度

【95】シャルピー衝撃試験で得られる破面遷移温度はどれか。
a　ぜい性破面率が100％となる温度
b　ぜい性破面率が75％となる温度
c　ぜい性破面率が50％となる温度
d　ぜい性破面率が０％となる温度

次の設問【96】～【100】は溶接継手の強度について述べている。正しいものを１つ選び，マークシートの解答欄の該当箇所にマークせよ。

【96】疲れ強さの向上に最も有効なものはどれか。
a　降伏点の高い材料を使用する
b　引張強さの高い材料を使用する
c　余盛頂上を滑らかにする
d　余盛止端を滑らかにする

【97】ぜい性破壊強さの向上に有効なものはどれか。

a　降伏点の高い材料を使用する
b　引張強さの高い材料を使用する
c　溶接入熱が過大にならないようにする
d　炭素当量を増大させる

【98】残留応力が最も影響するのはどれか。

a　降伏点
b　引張強さ
c　疲れ強さ
d　クリープ強さ

【99】疲れ強さに最も影響する溶接変形はどれか。

a　横収縮
b　縦曲り変形
c　角変形
d　回転変形

【100】ぜい性破壊強さに最も影響する溶接変形はどれか。

a　横収縮
b　縦曲り変形
c　角変形
d　回転変形

次の設問【101】～【105】は溶接変形について述べている。正しいものを１つ選び，マークシートの解答欄の該当箇所にマークせよ。

【101】溶接線に直角方向に生じる溶接変形はどれか。

a　縦収縮
b　横収縮
c　座屈変形
d　回転変形

【102】溶接線方向の残留応力の発生に最も大きく関係する溶接変形はどれか。

a　縦収縮
b　横収縮
c　座屈変形
d　回転変形

【103】溶接の進行とともにルート間隔が変化する溶接変形はどれか。

a　縦収縮
b　横収縮
c　角変形
d　回転変形

【104】溶接部表面と裏面の横収縮の差によって生じる溶接変形はどれか。

a　縦収縮
b　横収縮

c　角変形
d　回転変形

【105】薄板溶接での座屈変形の主原因はどれか。

a　溶接線方向の引張残留応力
b　溶接線方向の圧縮残留応力
c　溶接線直角方向の引張残留応力
d　溶接線直角方向の圧縮残留応力

次の設問【106】～【110】はJIS Z 3021 溶接記号について述べている。正しいものを１つ選び，マークシートの解答欄の該当箇所にマークせよ。

【106】図Ａの実形の溶接継手を溶接記号で表したものはどれか。

a　イ
b　ロ
c　ハ
d　ニ

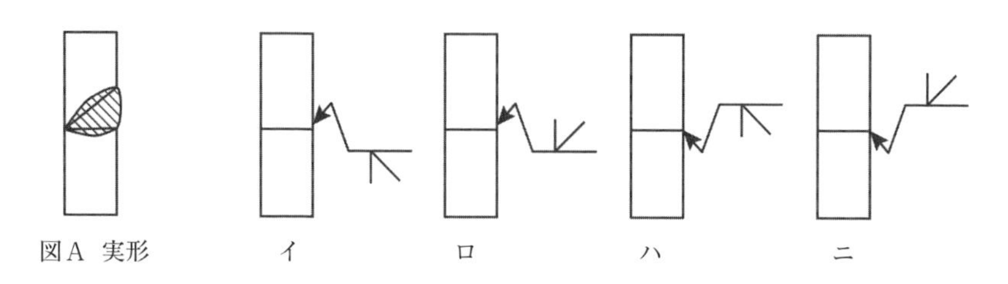

図Ａ　実形　　イ　　ロ　　ハ　　ニ

【107】図Ｂの溶接記号が表している継手はどれか。

a　脚長７mmの千鳥断続すみ肉溶接継手
b　脚長７mmの並列断続すみ肉溶接継手
c　のど厚７mmの千鳥断続すみ肉溶接継手
d　のど厚７mmの並列断続すみ肉溶接継手

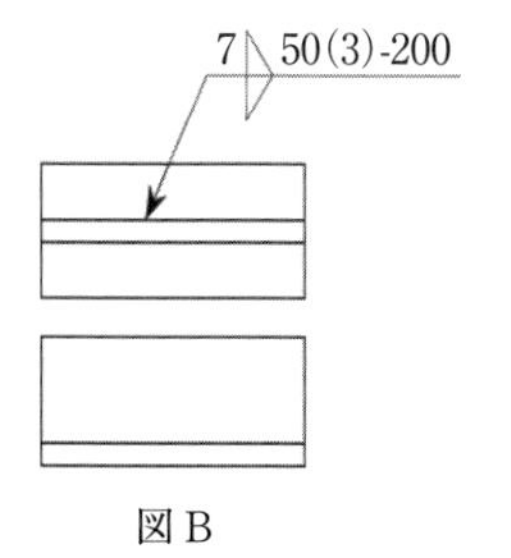

図Ｂ

【108】図Bの溶接記号の数字50と200が表している説明はどれか。

a　1つの溶接長が50mmで，ビード端間距離が200mm
b　1つの溶接長が50mmで，ピッチが200mm
c　1つの溶接長が200mmで，ビード端間距離が50mm
d　1つの溶接長が200mmで，ピッチが50mm

【109】図Cの溶接記号が表している継手はどれか。

a　開先深さ8mm，溶接深さ10mm，左側部材にレ形開先
b　開先深さ10mm，溶接深さ8mm，左側部材にレ形開先
c　開先深さ8mm，溶接深さ10mm，右側部材にレ形開先
d　開先深さ10mm，溶接深さ8mm，右側部材にレ形開先

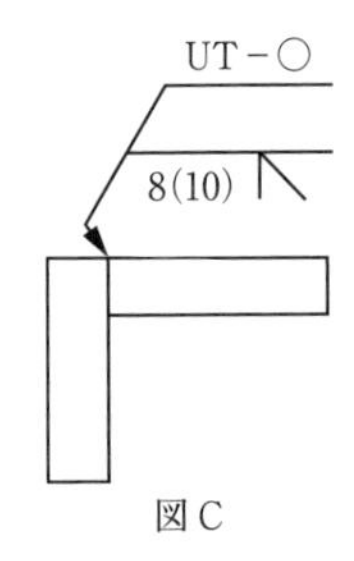

図C

【110】図Cの溶接記号UT－○が表している説明はどれか。

a　全線の超音波探傷試験を矢の側から行う
b　抜取りの超音波探傷試験を矢の側から行う
c　全線の超音波探傷試験を矢と反対側から行う
d　抜取りの超音波探傷試験を矢と反対側から行う

次の設問【111】～【115】は側面すみ肉溶接継手に引張荷重Pが作用する場合の許容最大荷重を算定する手順を記している。正しいものを1つ選び，マークシートの解答欄の該当箇所にマークせよ。ただし，許容引張応力は140N/mm²，許容せん断応力は80N/mm²で，$1/\sqrt{2}=0.7$とする。

【111】すみ肉溶接部ののど厚は何mmか。

a　5mm
b　7mm
c　10mm
d　14mm

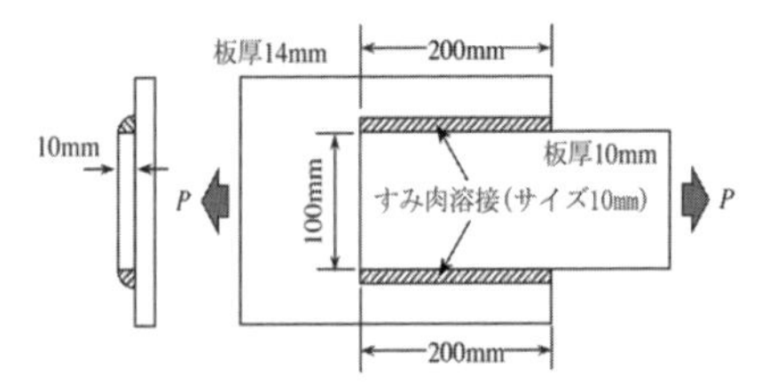

【112】溶接長をそのまま有効溶接長さとすると，強度計算に用いる全有効溶接長さは何mmか。

a　200 mm
b　300 mm
c　400 mm
d　500 mm

【113】強度計算に用いる有効のど断面積は何 mm^2 か。

a　1,400 mm^2
b　2,000 mm^2
c　2,800 mm^2
d　4,000 mm^2

【114】この継手の許容応力は何 N/mm^2 か。

a　80 N/mm^2
b　110 N/mm^2
c　140 N/mm^2
d　220 N/mm^2

【115】許容最大荷重はいくらか。

a　112 kN
b　224 kN
c　308 kN
d　392 kN

次の設問【116】～【120】は品質および品質管理について述べている。正しいものを１つ選び，マークシートの解答欄の該当箇所にマークせよ。

【116】PDCA サイクル（サークル）を提唱したのは誰か。

a　ディロング
b　シェブロン
c　シェフラ
d　デミング

【117】設計，製造，検査，営業の各部門が集まって，設計の品質を検討する会議はどれか。

a　生産計画会議
b　設計図書出図会議
c　施工要領レビュー会議
d　デザインレビュー会議

【118】「金属材料の融接に関する品質要求事項」規格はどれか。

a　ISO 3834（JIS Z 3400）
b　ISO 9001（JIS Q 9001）
c　ISO 14001（JIS Q 14001）
d　ISO 14731（JIS Z 3410）

【119】「溶接管理-任務及び責任」規格はどれか。

a　ISO 3834（JIS Z 3400）
b　ISO 9001（JIS Q 9001）
c　ISO 14001（JIS Q 14001）

d　ISO 14731（JIS Z 3410）

【120】品質管理に用いられる図はどれか。

a　CCT図
b　S-N線図
c　ヒストグラム
d　状態図

次の設問【121】～【125】は溶接管理技術者の任務について述べている。正しいものを1つ選び，マークシートの解答欄の該当箇所にマークせよ。

【121】溶接施工要領の策定において，製造品質面で考慮すべきものはどれか。

a　鋼材選定
b　立会検査員選定
c　溶接作業管理
d　溶接技能者育成計画

【122】材料管理に関わる任務はどれか。

a　溶接継手の非破壊検査
b　母材部の品質及び合否判定基準の決定
c　溶接施工法の承認取得
d　切断部材の識別管理

【123】生産計画の立案に関わる任務はどれか。

a　構造設計強度のレビュー
b　溶接順序の決定
c　補修位置の確認
d　作業記録の作成

【124】試験・検査に関わる任務はどれか。

a　溶接継手位置の決定
b　溶接技能者の教育
c　溶接作業指示書の発行
d　溶接変形矯正方法の決定

【125】溶接結果の評価に関わる任務はどれか。

a　溶接補修の要否判断
b　溶接順序の決定
c　非破壊検査記録の作成
d　寸法記録の作成

次の設問【126】～【130】は溶接施工要領について述べている。正しいものを1つ選び，マークシートの解答欄の該当箇所にマークせよ。

【126】溶接施工法試験を示すのはどれか。

a　WPC（Welding Procedure Control）
b　WPQR（Welding Procedure Qualification Record）

c　WPS（Welding Procedure Specification）
d　WPT（Welding Procedure Test）

【127】溶接施工要領書に記載すべきものはどれか。
a　継手の種類
b　試験片の採取要領
c　非破壊試験要領
d　溶接技能者名

【128】鋼の突合せ溶接（完全溶込み）の溶接施工法試験で必ず要求される試験はどれか。
a　衝撃試験
b　溶接金属引張試験
c　継手引張試験
d　疲労試験

【129】溶接施工法承認記録で承認されるのはどれか。
a　溶接作業者
b　鋼材の供給メーカ
c　溶接姿勢
d　溶接機の形式

【130】溶接確認項目（エッセンシャルバリアブル）とは何か。
a　溶接に必要な技量資格
b　客先承認項目
c　溶接設計に必要な項目
d　溶接継手の品質に影響を与える項目

次の設問【131】～【135】は溶接に使われる用語について述べている。正しいものを１つ選び，マークシートの解答欄の該当箇所にマークせよ。

【131】溶着速度を示すのはどれか。
a　単位時間当りの溶着金属量
b　単位時間当りの溶接材料の溶融量
c　単位時間当りの溶接長
d　継手の単位長さ当りの溶接材料消耗量

【132】溶接機の負荷率を示すのはどれか。
a　アーク発生時間の合計 ÷ 全作業時間
b　パルス時間 ÷ パルス周期
c　溶接入熱 ÷ 投入電力
d　実作業での平均溶接電流 ÷ 定格出力電流

【133】アークタイムの計算式はどれか。
a　必要な溶接金属量÷溶着速度
b　必要な溶接金属量×溶着速度
c　溶着速度 ÷必要な溶接金属量
d　必要な溶接金属量÷溶接技能者数

【134】生産性を示すのはどれか。

a　総コスト ÷ 溶接機台数
b　材料重量 ÷ 溶接機台数
c　設備費 ÷ 労働時間
d　産出（アウトプット）÷ 投入（インプット）

【135】溶接生産性を示すのはどれか。

a　工場労働者数 ÷ 溶接機台数
b　加工鋼材重量 ÷ 溶接作業時間
c　総コスト ÷ 総労働時間
d　溶接材料費 ÷ 溶接作業時間

次の設問【136】～【140】は溶接入熱および冷却速度について述べている。正しいものを１つ選び，マークシートの解答欄の該当箇所にマークせよ。

【136】溶接入熱の計算に用いないものはどれか。

a　アーク電圧
b　溶接電流
c　板厚
d　溶接速度

【137】溶接入熱に反比例するのはどれか。

a　アーク電圧
b　溶接速度
c　板厚
d　溶接電流

【138】他の条件を一定として，溶接電流を２倍にすると溶接入熱は何倍となるか。

a　0.5倍
b　１倍
c　２倍
d　４倍

【139】被覆アーク溶接の溶接金属量は次のどれにほぼ比例するか。

a　溶接入熱の逆数
b　溶接入熱
c　溶接入熱の平方根
d　溶接入熱の２乗

【140】高張力鋼の溶接で溶接入熱が過大になると溶接部の特性はどうなるか。

a　じん性が低くなる
b　じん性が高くなる
c　硬さが高くなる
d　引張強さが高くなる

次の設問【141】～【145】はSM490鋼突合せ継手（板厚25mm）のタック溶接に

ついて述べている。正しいものを１つ選び，マークシートの解答欄の該当箇所にマークせよ。

【141】タック溶接の目的はどれか。

a　残留応力の低減
b　低温割れの防止
c　溶落ちの防止
d　部材の定位置確保

【142】タック溶接に使われる溶接法はどれか。

a　サブマージアーク溶接
b　プラズマアーク溶接
c　マグ溶接
d　スタッド溶接

【143】タック溶接の標準的な最小ビード長さはどれか。

a　10～20mm
b　40～50mm
c　100～120mm
d　150～200mm

【144】低水素系被覆アーク溶接棒を用いたタック溶接時の標準的な予熱温度はどれか。

a　25℃
b　50℃
c　80℃
d　150℃

【145】タック溶接の最小ビード長さが規定されている理由はどれか。

a　溶落ち防止
b　溶接変形防止
c　低温割れ防止
d　高温割れ防止

次の設問【146】～【150】は半自動マグ溶接について述べている。正しいものを１つ選び，マークシートの解答欄の該当箇所にマークせよ。

【146】一般に用いられるシールドガス流量はどれか。

a　１～５L/分
b　15～25L/分
c　40～60L/分
d　80～100L/分

【147】最大ウィービング幅の目安はノズル口径の何倍か。

a　0.2倍
b　0.5倍
c　1.5倍
d　５倍

【148】JASS 6 鉄骨工事の規定で，防風対策が必要な風速の最小値はどれか。

a　1 m/秒
b　2 m/秒
c　5 m/秒
d　10 m/秒

【149】立向下進溶接で一般に用いられるトーチ角（傾斜角）はどれか。

a　前進角
b　垂直
c　平行
d　後進角

【150】多層溶接で融合不良を防止する対策はどれか。

a　ビード形状が凸とならないようにする
b　シールドガス流量を少なくする
c　開先角度を狭くする
d　短絡移行形態で溶接する

次の設問【151】～【155】はPWHT（溶接後熱処理）について述べている。正しいものを1つ選び，マークシートの解答欄の該当箇所にマークせよ。

【151】PWHTの目的はどれか。

a　再熱割れ防止
b　高温割れ防止
c　継手強度向上
d　残留応力低減

【152】PWHTで生じる割れはどれか。

a　低温割れ
b　高温割れ
c　再熱割れ
d　ラメラテア

【153】PWHT（JIS Z 3700）において，鋼材（母材）の種類により決まるのはどれか。

a　炉入れ・炉から取出し時の炉内温度
b　最小保持時間
c　保持時間中の被加熱部全体にわたる温度差
d　最低保持温度

【154】PWHT（JIS Z 3700）において，板厚により決まるのはどれか。

a　炉入れ・炉から取出し時の炉内温度
b　最小保持時間
c　保持時間中の被加熱部全体にわたる温度差
d　最低保持温度

【155】PWHTが通常要求されない材料はどれか。

a　炭素鋼
b　Cr-Mo鋼

c　3.5Ni鋼
d　SUS304

次の設問【156】〜【160】は溶接割れについて述べている。正しいものを１つ選び，マークシートの解答欄の該当箇所にマークせよ。

【156】低温割れが最も発生しにくい溶接法はどれか。
a　セルフシールドアーク溶接
b　ソリッドワイヤを用いたマグ溶接
c　ライムチタニア系溶接棒を用いた被覆アーク溶接
d　高セルロース系溶接棒を用いた被覆アーク溶接

【157】低温割れ防止の観点から選定すべき鋼材はどれか。
a　引張強さの高い鋼材
b　Ceqの高い鋼材
c　じん性の低い鋼材
d　P_{CM}の低い鋼材

【158】梨形（ビード）割れの防止策として最も有効なのはどれか。
a　開先角度を小さくする
b　開先角度を大きくする
c　余盛を高くする
d　余盛を低くする

【159】梨形（ビード）割れの防止策として有効な溶接条件はどれか。
a　溶接電流を低くし，溶接速度を遅くする
b　溶接電流を低くし，溶接速度を速くする
c　溶接電流を高くし，溶接速度を遅くする
d　溶接電流を高くし，溶接速度を速くする

【160】ラメラテアの原因となるのはどれか。
a　炭化物
b　酸化物
c　窒化物
d　硫化物

次の設問【161】〜【165】は高張力鋼の補修溶接について述べている。正しいものを１つ選び，マークシートの解答欄の該当箇所にマークせよ。

【161】補修溶接時に最も留意すべきものはどれか。
a　溶着量
b　溶接速度
c　拡散性水素量
d　アーク長

【162】直線状に置いたビードを何と呼ぶか。
a　ウィービングビード

b　テンパビード
c　ハーフビード
d　ストリンガビード

【163】補修溶接ビードの標準的な最小長さはどれか。

a　15mm
b　50mm
c　150mm
d　300mm

【164】補修溶接部の適切な非破壊検査時期はどれか。

a　溶接直後
b　溶接完了後12～24時間の間
c　溶接完了後24～48時間経過後
d　いつでも良い

【165】溶接後熱処理ができない場合にとられる方法はどれか。

a　バックステップ法
b　ブロック法
c　ストリンガビード法
d　テンパビード法

次の設問【166】～【170】は溶接内部の非破壊試験方法について述べている。正しいものを1つ選び，マークシートの解答欄の該当箇所にマークせよ。

【166】X線のほか放射線透過試験に広く用いられるのはどれか。

a　α線
b　β線
c　γ線
d　中性子線

【167】試験材を透過した放射線の強さの記述で，正しいのはどれか。

a　試験材が厚いほど弱くなる
b　試験材が厚いほど強くなる
c　試験材が薄いほど弱くなる
d　試験材の厚さに関係なく同じである

【168】超音波探傷試験で欠陥エコーが最も高くなるのはどれか。

a　面状欠陥に超音波が15度で入射した場合
b　面状欠陥に超音波が45度で入射した場合
c　面状欠陥に超音波が垂直に入射した場合
d　面状欠陥に超音波が平行に入射した場合

【169】超音波探傷試験で欠陥の深さ位置を求めるために必要なものはどれか。

a　エコー高さ
b　ビーム路程
c　ビーム幅
d　指示長さ

【170】超音波探傷試験が放射線透過試験よりまさる点はどれか。

a　欠陥の種類判別が容易である
b　ブローホールを容易に検出できる
c　表面粗さの影響を受けない
d　試験体の片側から検査ができる

次の設問【171】～【175】は溶接部表面の非破壊試験について述べている。正しいものを１つ選び，マークシートの解答欄の該当箇所にマークせよ。

【171】磁粉探傷試験で微細な割れの検出に用いられる磁粉はどれか。

a　乾式磁粉
b　湿式磁粉
c　蛍光磁粉
d　非蛍光磁粉

【172】磁粉探傷試験に関する記述で正しいのはどれか。

a　チタン合金の検査に適用できる
b　アルミニウム合金の検査に適用できる
c　磁束の方向に直角なきずが検出できる
d　高張力鋼の検査ではプロッド法が適用される

【173】浸透探傷試験で検出できる欠陥はどれか。

a　ビード下割れ
b　ピット
c　層間の融合不良
d　ブローホール

【174】浸透探傷試験で浸透液塗布後の浸透時間（放置時間）はどれか。

a　30秒以下
b　１分以下
c　１分～３分
d　５分～20分

【175】アンダカットの深さ測定に用いる器具はどれか。

a　ひずみゲージ
b　すきまゲージ
c　限界ゲージ
d　ダイヤルゲージ

次の設問【176】～【180】は非破壊試験方法について述べている。正しいものを１つ選び，マークシートの解答欄の該当箇所にマークせよ。

【176】面状欠陥の方向の影響を受けない試験方法はどれか。

a　超音波探傷試験
b　浸透探傷試験
c　磁粉探傷試験

d　放射線透過試験

【177】パス間の融合不良を検出しやすい試験方法はどれか。

a　超音波探傷試験
b　浸透探傷試験
c　磁粉探傷試験
d　放射線透過試験

【178】透過度計を必要とする試験方法はどれか。

a　超音波探傷試験
b　浸透探傷試験
c　磁粉探傷試験
d　放射線透過試験

【179】ラメラテアの検出に適している試験方法はどれか。

a　超音波探傷試験
b　浸透探傷試験
c　磁粉探傷試験
d　放射線透過試験

【180】高張力鋼溶接部の微細な表面割れの検出に最も適している試験方法はどれか。

a　水洗性浸透液を用いた浸透探傷試験
b　溶剤除去性浸透液を用いた浸透探傷試験
c　プロッド法を用いた磁粉探傷試験
d　極間法を用いた磁粉探傷試験

次の設問【181】～【185】は電撃防止のための安全衛生について述べている。正しいものを1つ選び，マークシートの解答欄の該当箇所にマークせよ。

【181】JIS C 9311「アーク溶接機用電撃防止装置」で規定されている始動時間はどれか。

a　0.01秒以下
b　0.06秒以下
c　0.10秒以下
d　0.20秒以下

【182】JIS C 9311「アーク溶接機用電撃防止装置」で規定されている安全電圧は何V以下か。

a　15V
b　25V
c　35V
d　45V

【183】労働安全衛生規則で電撃防止装置の使用を義務づけている作業高さは何m以上か。

a　1m
b　2m
c　3m
d　4m

【184】電撃防止装置の動作点検を行う時期で正しいのはどれか。

a　溶接作業の終了時
b　その日の溶接作業の開始前
c　１週間に１回
d　１か月に１回

【185】電撃防止装置で遅動時間が設定されている理由はどれか。

a　被覆アーク溶接棒と溶接棒ホルダとの絶縁性保護のため
b　溶接電源の回路保護のため
c　タック溶接など短い間隔でアークを断続的に発生させる作業性確保のため
d　溶接棒ホルダの絶縁性確保のため

次の設問【186】～【190】は溶接ヒュームなどに対する安全衛生について述べている。正しいものを１つ選び，マークシートの解答欄の該当箇所にマークせよ。

【186】溶接ヒュームはどれか。

a　溶接部に付着した非金属物質
b　母材や溶接部に付着した金属粒子
c　溶接金属中に残存した非金属物質
d　大気中で冷却凝固した鉱物性の微粒子

【187】粉じん障害防止規則に定められている粉じん作業はどれか。

a　電子ビーム溶接
b　レーザ溶接
c　アーク溶接
d　ガス溶接

【188】ヒュームを多量に吸引すると，慢性症状として現れるのはどれか。

a　白内障
b　金属熱
c　肺結核
d　じん肺

【189】ヒュームを多量に吸引すると，急性症状として現れるのはどれか。

a　白内障
b　金属熱
c　肺結核
d　じん肺

【190】屋内の粉じん作業場の清掃の決まりはどれか。

a　１か月ごとに１回
b　１週以内ごとに１回
c　毎日１回以上
d　使用する直前

次の設問【191】～【195】は切断時の安全・衛生について述べている。正しいものを一つ選び，マークシートの解答欄の該当箇所にマークせよ。

【191】空気より重い燃料ガスはどれか。

a　アセチレン
b　メタン
c　プロパン
d　水素

【192】ガス切断で用いられるガスの組合せはどれか。

a　プロパン＋炭酸ガス
b　プロパン＋酸素
c　アルゴン＋炭酸ガス
d　アルゴン＋酸素

【193】JIS K 6333で規定されているアセチレン用のゴムホースの識別色はどれか。

a　赤色
b　青色
c　緑色
d　黒色

【194】プロパンと空気の混合物の爆発下限界となる，プロパン濃度（容量％）はどれか。

a　約１％
b　約２％
c　約10％
d　約20％

【195】板厚25 mmの軟鋼を切断する場合，発生する粉じんが最も多いのはどれか。

a　ガス切断
b　プラズマ切断
c　レーザ切断
d　ウォータージェット切断

次の設問【196】～【200】は各種光線などについて述べている。正しいものを１つ選び，マークシートの解答欄の該当箇所にマークせよ。

【196】アーク溶接用保護面に着けるフィルタプレートで全く遮蔽できないのはどれか。

a　赤外線
b　紫外線
c　可視光線
d　Ｘ線

【197】急性眼炎を最も引き起こしやすい光線はどれか。

a　赤外線
b　紫外線
c　可視光線
d　Ｘ線

【198】溶接電流が100～300Aのガスシールドアーク溶接で，推奨されるフィルタプレート

の遮光番号はどれか。

a　７～８
b　９～10
c　11～12
d　13～14

【199】レーザ溶接および切断に一般に用いられる光線はどれか。

a　X線
b　紫外線
c　可視光線
d　赤外線

【200】YAGレーザ光が目に入ることにより生じる急性障害はどれか？

a　電気性眼炎
b　白内障
c　網膜炎
d　結膜炎

●2019年６月９日出題　２級試験問題●
解答例

【１】b，【２】d，【３】a，【４】c，【５】d，【６】b，【７】c，【８】b，
【９】b，【10】d，【11】d，【12】c，【13】d，【14】b，【15】a，【16】d，
【17】a，【18】d，【19】a，【20】c，【21】d，【22】c，【23】b，【24】c，
【25】b，【26】c，【27】b，【28】d，【29】b，【30】c，【31】c，【32】b，
【33】c，【34】c，【35】c，【36】b，【37】a，【38】c，【39】c，【40】a，
【41】a，【42】c，【43】c，【44】b，【45】c，【46】a，【47】d，【48】b，
【49】a，【50】d，【51】d，【52】a，【53】b，【54】d，【55】c，【56】b，
【57】d，【58】d，【59】c，【60】b，【61】b，【62】b，【63】a，【64】a，
【65】c，【66】b，【67】d，【68】b，【69】a，【70】c，【71】b，【72】a，
【73】b，【74】c，【75】a，【76】c，【77】a，【78】d，【79】d，【80】b，
【81】c，【82】a，【83】a，【84】b，【85】d，【86】，c，【87】d，【88】c，
【89】c，【90】c，【91】c，【92】a，【93】a，【94】c，【95】c，【96】d，
【97】c，【98】c，【99】c，【100】c，【101】b，【102】a，【103】d，【104】c，
【105】b，【106】c，【107】b，【108】b，【109】c，【110】c，【111】b（解説：のど厚＝サイズ×0.7），【112】c，【113】c（解説：有効のど断面積＝のど厚×有効溶

接長さ），【114】a（解説：すみ肉溶接継手なので許容せん断応力を採用する），【115】b（解説：許容最大荷重＝有効のど断面積×許容応力），【116】d，【117】d，【118】a，【119】d，【120】c，【121】c，【122】d，【123】b，【124】d，【125】a，【126】d，【127】a，【128】c，【129】c，【130】d，【131】a，【132】d，【133】a，【134】d，【135】b，【136】c，【137】b，【138】c，【139】b，【140】a，【141】d，【142】c，【143】b，【144】c，【145】c，【146】b，【147】c，【148】b，【149】d，【150】a，【151】d，【152】c，【153】d，【154】b，【155】d，【156】b，【157】d，【158】b，【159】a，【160】d，【161】c，【162】d，【163】b，【164】c，【165】d，【166】c，【167】a，【168】c，【169】b，【170】d，【171】c，【172】c，【173】b，【174】d，【175】d，【176】b，【177】a，【178】d，【179】a，【180】d，【181】b，【182】b，【183】b，【184】b，【185】c，【186】d，【187】c，【188】d，【189】b，【190】c，【191】c，【192】b，【193】a，【194】b，【195】b，【196】d，【197】b，【198】c，【199】d，【200】c

JIS Z 3410(ISO 14731)/WES 8103

【2級】筆記試験問題と解答例

—2024年度版 実題集—

定価はカバーに表示してあります。

2023 年 12 月 10 日　初版第 1 刷印刷
2023 年 12 月 20 日　初版第 1 刷発行

編　者　産報出版株式会社
発行者　久木田　裕
発行所　産報出版株式会社

〒 101-0025　東京都千代田区神田佐久間町 1 丁目 11 番地
TEL 03-3258-6411 ／ FAX 03-3258-6430
ホームページ https ://www.sanpo-pub.co.jp

印刷・製本　株式会社 精興社

ISBN978-4-88318-190-2 C3057